Innovative
Design

创新设计丛书
上海交通大学设计学院总策划

中国早期石版印刷艺术研究

陈 霆

著

上海交通大学出版社
SHANGHAI JIAO TONG UNIVERSITY PRESS

内容提要

　　石版印刷术传入中国并带来印刷技术革新,由此兴起了中国近代印刷工业。随着以手工作坊为基础的传统雕版印刷业为新兴的印刷工业所替代,印刷艺术的图像形式、加工制作、传播模式和文化功能等也发生了质的变化。石版印刷艺术在清末民初的发展最终促进了中国近代设计文化的形成和设计思维由传统到现代的转型,并且在新闻传播领域、商业领域和教育领域发挥积极作用。

　　本书基于石印艺术的中国早期工业化阶段的流行图像,分析石印技术的发展、传播及其对大众视觉艺术领域的影响和文化意义,编织起一幅清末民初的文化景象。将技术、视觉图像和大众流行文化作为一股影响力量来分析清末民初中国社会的现代化进程。本书适合文化工作者及艺术研究者阅读。

图书在版编目(CIP)数据

中国早期石版印刷艺术研究/陈霆著.—上海:上海交通大学出
版社,2019(2020 重印)
ISBN 978-7-313-22519-1

Ⅰ.①中…　Ⅱ.①陈…　Ⅲ.①石版印刷-研究-中国-古代
Ⅳ.①TS828-092

中国版本图书馆 CIP 数据核字(2019)第 250479 号

中国早期石版印刷艺术研究
ZHONGGUO ZAOQI SHIBANYINSHUA YISHU YANJIU

著　　者:陈　霆

出版发行:上海交通大学出版社　　　　　地　　址:上海市番禺路 951 号
邮政编码:200030　　　　　　　　　　　电　　话:021-64071208
印　　制:当纳利(上海)信息技术有限公司　经　　销:全国新华书店
开　　本:710mm×1000mm　1/16　　　　印　　张:15.25
字　　数:238 千字
版　　次:2019 年 12 月第 1 版　　　　　　印　　次:2020 年 11 月第 2 次印刷
书　　号:ISBN 978-7-313-22519-1
定　　价:98.00 元

前言

　　本书从视觉艺术发展规律出发,结合中国近代设计文化的形成过程,对石版印刷艺术在清末民初这一中国近代设计文化启蒙阶段所产生的文化影响和社会意义做一系统研究。

　　石版印刷术传入中国并带来印刷技术革新,由此兴起了中国近代印刷工业。随着以手工作坊为基础的传统雕版印刷模式为新兴的印刷工业所替代,印刷艺术的图像形式、加工制作、传播模式和文化功能等也发生了质的变化。石版印刷艺术在清末民初的发展最终促进了中国近代设计文化的形成和设计思维由传统到现代的转型。具体分以下几个层面:

　　传统图像模式和读图习惯在石版印刷技术的冲击下发生深刻变化。

　　各种形式的新兴印刷出版物和多样化的图像内容成为各种观念的载体和信息传播渠道,对近代中国民众的审美趣味、社会风尚和文化思潮的触发和更迭产生深刻影响。

　　规模化生产和市场化供求结合加速了文化的传播,扩大了知识的普及。

　　印刷工业的兴起对近代中国城市化和商业化进程产生巨大推动力。

　　19 世纪的中国,有引进新技术的迫切社会需求和强有力的政策支持。新事物、新观念急需相应的现代化传播途径和手段。石版印刷作为改良印刷术以其优越的实用性被迅速采纳,并引发了中国印刷技术的革新和印刷业格局的重大变化。由此加速了传统雕版印刷业的衰亡,并同时促进了中国近代印刷工业的建立。新型的印书局和印刷刊物陆续产生,并通过国内外资本的注入进入良性竞争,迅速发展了起来,形成了清末民初开埠城市新闻报刊业和印刷出版业的繁荣局面。

　　石印在图像领域的突出表现以及与雕版印刷截然不同的工艺技术,更是引起了图像领域的巨大变革,使得印刷图像由中国传统线描性过渡到西式塑造性,并由此解放了图像的表现力,引发了一系列图像和观看领域的连锁反应。图像表现内容,图像表达方式,印刷产品的呈现形式,印刷排版模式,图像传播模式,读者观看习惯和接受态度,图像的社会作用等诸多方面产生了相应的重大变化。图像积极参与到文字的领域,在清末民初担当起了讯息传播和文化教育的重要职责。

随着石印术在中国的传播和发展以及本土化过程,石印在清末民初的新闻领域、商业领域和教育领域都发挥着积极的作用。

在石印工业的支持下,新闻业蓬勃发展,新闻纸呈现多种面貌以针对不同民众阶层,城市居民逐渐形成了新闻概念和对时事的关注习惯。在清末民初的几次社会思潮更迭和民主主义运动中,文字类和图像类的石印出版物以其特殊的形制和灵活的发行方式对民众现代意识启蒙和新文化普及发挥了重要作用。

在城市化进程中,乡土趣味和传统风俗概念逐渐让位于印刷产品中介绍的新事物和流行文化。石印技术的进一步发展,石印图像在叙事和描述方面的优越性以及石印图像早年就已建立起来的民众基础,使得石印技术在商业活动中被广泛运用。石印商业美术成为传播商业信息的主要途径,成为连接产品和消费者之间的重要环节。石印商业美术以图像优势将显露与隐藏的信息潜移默化地灌输给消费群,影响市民的消费习惯,并培养起对"时尚"和"风潮"等都市商业文化的认识。

无论是科举最后几年的士子工具书,还是教育新政时期的小学课本,石印都表现出了其在教育领域一贯的积极参与姿态。而石印画报时代的新闻画对晚清民众的启蒙和开愚更是做出了重大贡献,以图像叙事的方式为当时占人口多数的教育不足的中国民众提供了接触西学、新知的机会,帮助建立起了新文化运动的群众基础。石印商业画则在传播商业信息的同时也传递着各类现代文化信息和观念,并且建立起了都市文化和理念,培养了中国第一代现代工商业城市居民。

因此,清末民初的石版印刷艺术在工艺技术和呈现形态上,从不同角度直接参与了中国近代化进程,是研究中国近现代文化不可绕过的重要课题。本书从以下几方面进行探讨。

1. 早期阶段

分析石版印刷术本身的起源和发展,其不同于传统印刷术的特点和优越性。

从"技术"的起源、革新、发展来分析几个不同的发展阶段;同时,从"艺术"角度分析其与技术相伴相生的艺术魅力及在视觉艺术发展史中的影响和地位。

分析该技术传入中国时的有利时机。近代中国开埠城市的城市化、商业化进程中的市场因素决定了石版印刷在中国的顺利发展和其特有面貌的形成,并在文化的广度和深度上影响着近代中国社会。

2. 全盛阶段

石版印刷传入中国后的本土化过程:在图像领域、传播领域、文化领域等方面与传统印刷术的冲突与融合。

近代印刷工业化的建立过程:工厂生产方式和营销组织模式对从业人员构成和产品面貌的影响;手工作坊到规模化生产的变化及成效。

对知识传播和教育启蒙的促进:知识普及;新闻概念的形成和发展;对时事新知的关注。

推动社会转型:对城市化进程的影响,包括乡土趣味和传统风俗概念逐渐让位于印刷产品中介绍的新事物和流行文化;对商品化进程的影响有石版印刷术在商业活动中的广泛运用和都市文化的形成等。

图像的现代化演进:与传统印刷术相结合的图像特点和图文结构让位于石印技术影响下的图像特点和图文结构;画师与工匠的分离使设计师群体得以独立,较少受到传统制作技艺的限制,从而使作品风格更加灵活和多样化,实现了图像的解放;观看习惯的变化等。

3. 衰退阶段

清末民初的中国市场对石版印刷功用性和商业性的注重使其"技术"特性在发展中起主导作用。一旦有更具优势的新技术出现,石版印刷便被自然淘汰。

4. 意义分析

设计在文化史上的价值在于石版印刷术的规模化应用和石印艺术的流行促进了清末民初中国近代文化的建立。

本书基于石印艺术的中国早期工业化阶段的流行图像,分析石印技术的发展、传播及其对大众视觉艺术领域的影响,编织起一幅清末民初的文化景象。

目录

第一章

绪 论

一、研究目的

　　提到中国的印刷艺术,无法绕开雕版印刷。中国的雕版印刷早在晚唐即已成熟,其渊源可上溯到更早的印章文化和碑石拓印传统,活字印刷的发明也比西方早了约四百年,所以中国印刷文明起步远早于西方。经过千余年的发展,雕版印刷成为中国最具代表性的印刷技术,为中华文明的记载、保存和传播立下了汗马功劳。

　　然而,雕版印刷的生产系统是基于农耕文明的,家庭手工作坊式的小批量的、局部的、缓慢的生产和流通方式不利于文化的民众普及和广泛传播,更不适应近代中国社会的整体现代化演进。因此,雕版印刷虽然积淀深厚却并未能帮助近代中国迈入印刷工业化时代,相反,其完备但日益封闭的制作工艺成了阻碍技术转型的壁垒。

　　中国雕版印刷经过千余年的发展形成了一套完备的技术系统和环环相扣的生产组织工序,造就了特定的作品面貌和功能,并产生与之相应的印刷文化。19 世纪初,新近发明的石印和铅印等新技术逐渐传入中国,但由于其技术本身也只是刚刚起步,其品质和成本自然无法与强大的雕版印刷相抗衡。因而在当时的中国,雕版印刷仍占统治地位。然而,正是雕版印刷的这一牢不可破的、具排他性的自在系统使新的技术无法渗透进来,中国错过了印刷工业现代化转型的历史机遇,被世界印刷工业初建格局排除在外。

而彼时的西方则呈现另一番景象。如火如荼的工业革命正裹挟着一切领域的技术向工业化迈进。这股潮流释放出巨大的能量,激励着各个行业日新月异地发生变化,并由技术带动产生了新的工业格局和新的文化事业。在印刷领域,当初粗陋、拙劣的新生技术在短短数年就完成了飞跃。高效、优质且价廉的铅印技术广泛应用于报刊印刷,极大地促进了即时信息的传播和互通。石印技术也很快参与进来,图像复制从小作坊制作阶段进入到工厂批量生产阶段,图像变得更易获取,并且能够像文字一样即时、快捷地反映正在发生的事件,与文字互相补充,完善了讯息的记录和传播。自此,铅印文字和石印图像携手开启了现代印刷工业的局面,催生了一系列依托其发展的行业,现代新闻业的崛起就直接得益于现代印刷工业。

西方的印刷技术接受工业革命洗礼的这半个世纪,中国境内的传统雕版印刷却仍处于故步自封的状态,并渐显颓势。19世纪中叶,西方的报纸刊物大量涌入,使用现代印刷技术的西式印刷所也纷纷落户中国。来势凶猛的西方技术很快击败了传统雕版印刷,占据了印刷市场的主要份额。原先基本由雕版印刷全权包揽的文字和图像制作逐渐分流,并开始分别采用外来的铅印和石印技术。这两种技术以各自在文字和图像制作上的优势对清末民初中国印刷行业局面进行了重构。

对速度和质量的追求是传统技术受到挑战的根本原因,但文字印刷技术和图像印刷技术因其各自的性质不同,其现代化转型的方式、过程以及影响也不同。

中国的雕版印刷在印制中国文字方面有其特殊优势:①中国文字由带有书法性的笔画组成,雕版能够更好地还原书法韵味;②中国文字非字母组成,所以制作中文字模耗时耗力,排字难度大;③雕版印刷已在中国流行千余年,早已发展出行之有效的印刷工艺和生产流程,印刷体"宋体字"正是经年累月提炼出的最适合雕版工艺模式化的印刷字体,只要是经过训练的刻工都可以掌握,而不需要对文字本身的认识,文字的偏旁、部首可以拆分开来,由不同的人员(包括不识字的妇女和儿童)刻制,从而提高了效率。也就是说,中国的雕版印刷已经发展出一种适合该工艺的特定的字体形式,使得印刷文字的生产摆脱文化教育的限制,成为一种纯粹高效的工业生产,早在西方的印刷工艺传入之前,便已经发展得相当成熟了。19世纪初在马六甲工作的伦敦会传教士威廉·米怜(William Milne)就此做过专门研究,并最终得出结论:"我们确实完全相信中国的印刷方式对于他们的语言来说是最为适宜的"①。只是在中文铅活字制作技术和铅印技术改良后,雕版印刷才彻底失去印制文字的优势。

从另一方面来讲,早在宋代,毕昇就尝试了泥活字印刷,其后又出现木活字和铜活字的应用。所以活字印刷对于中国人来讲并不陌生,清代著名的活字印本包括雍正年间的《古今图书集成》(铜活字)和乾隆年间的程甲本《红楼梦》(木活字);而在西方约翰内斯·古腾堡(Johannes Gutenberg)发明铅活字印刷后的几个世纪里就有人尝试制作中文铅活字;在中国境内制作中文铅活字的历史也早于石印(早在1807年,比米怜更早来华的另一位伦敦会传教士罗伯特·马礼逊(Robert Morrison)就在广州雇人刻制中文字模)。所以,铅活字印刷替代雕版印刷的技术过渡相对平稳,至少在成品面貌上没有太大差异。

然而,在石印技术影响下的图像印刷领域的变化则是另一番光景。从技术到成品面貌都呈现质的变化,并通过视觉领域的革新导致民众读图习惯和文化观念的改变。

在西方印刷史上,石印的出现也开创了一种全新的图像印刷模式。但在作品形式上,石印画承接的仍是西方写实主义造像传统。中国的雕版印刷技术则有别于西方而自成体系,在此技术上产生的作品具有特定的形式和面貌,饱含中国传统艺术的精神内涵和美学特质。所以中国雕版画从技术到形式都与西方石印画相去甚远。因而,虽然后者最终替代前者是大势所趋,但传统雕版技术创造的完备的形式体系在面对外来冲击的时候并不会彻底消亡,而是与之融汇并加以转化,其过程必然会有一番挣扎,并且产生有趣的课题。

清末民初,传入中国的石印技术在各个方面对当时的中国社会产生着综合性的影响:在复制和传播领域,石印技术的强大功能使其被迅速采纳并广泛应用,很快挤占了雕版印刷的大部分市场份额;石印画独特的制作技艺产生了特有的新式

① [美]周绍明(Joseph P. McDermott)著,何朝晖译:《书籍的社会史》,北京大学出版社,2009,第20页。

图像,为人们带来观感上的变化以及视角的更新;新的印刷出版工艺催生了新的印刷品和图像载体,传统的图像传播和接受方式因此发生了改变……这些因素和变化以各自的方式渗透到晚清社会的各个角落,微妙地影响着人们的生活习惯和思想观念,作用于晚清这一重大历史转型期社会面貌的塑造和社会结构的重组。

因而,石版印刷术在中国印刷发展史上具有举足轻重的地位,从19世纪末到20世纪初在中国流行的三十多年,也正是中国印刷业走向现代化,传统手工作坊被现代工厂所取代的关键转型期。石印以特有的技术对中国现代印刷事业做出了重大贡献;以特定工艺下产生的有别于传统的新图像形态作用于民众的读图习惯和观看模式,促进文化和观念的转变;从工艺技术到产品,石印结合了清末民初中国社会的诸多变革要素,产生重要的社会影响。石印在传统图像向新式图像的转变,新闻报刊媒体的推广和流行,商业美术和时尚概念的建立等一系列现代都市文化的建构过程中担任了重要角色。对晚清视觉艺术领域的流行文化——石印艺术的研究有助于我们了解在那样一个新旧文化、观念、意识的转型时期,作为文化组成部分的视觉艺术所承担的任务和所扮演的重要角色。

二、研究现状

对于中国石版印刷艺术的研究无论是国内还是国外都起步较晚,近年则随着上海研究的升温而被日益关注。目前国内外尚没有关于清末民初石版印刷艺术的系统研究成果,相关文章多零星分布在有关印刷史、印刷技术研究、雕版画史、新闻报刊史、社会学等理论著述中,或在上述论著中简单提及。

(一) 印刷史研究领域

该领域对石印的介绍多为史料性的,包括石印的发明、基本工序和传入中国的大致过程,以及早年从事石印技术推广的中西方从业人员,相关印刷出版机构和代表性出版物。

如张秀民所著《中国印刷史》在"西洋印刷术的传入"一节分四页介绍了石印的发明者、基本原理,简略介绍了对石印术传入中国做出贡献的几位西方传教士和他们的实践过程，并分析了石印术传入中国的几个有争议的时间点，提出了一些有关中国石印研究史料的空白点和可能的研究方向。

韩琦与米盖拉所编《中国和欧洲：印刷术与书籍史》中有一篇韩琦的文章《晚清西方印刷术在中国的早期传播——以石印术的传入为例》则是对张秀民所介绍内容的进一步扩充。分别从石印术的传入，石印书局的兴起，技术兴盛的文化背景，石印书种类演变与社会思潮的关系，衰落因素几个方面做了更为详细的介绍，是目前所见国内介绍晚清石印较全面的一篇文章。不过文章仍侧重史料叙述，重点谈及石印在书籍印刷方面的贡献，而对于石印术与视觉艺术的关系仅简单提了一下"清末民初的画报多为石印"[1]，而并没有展开讨论。韩琦的另一篇文章《石印术的传入与兴衰》也属于同类补充。

海外代表性著作如芮哲非（Christopher A. Reed）的 *Gutenberg in Shanghai：Chinese Print Capitalism，1876—1937*（《古腾堡在上海：中国印刷资本业的发展一八七六——一九三七》）则综合介绍了以上海为代表的清末民初中国印刷工业的建立。其中专门有一个章节介绍了这一时期的石印：Janus-Faced Pioneers：The Golden Age of Shanghai's Lithographic Printer-Publishers（1876—1905）。基本论述结构和视角仍然类似于张秀民和韩琦的著作，只是从海外研究者的角度补充了更多史料，另一特色就是着重以点石斋书局为例，并辅以同文书局和飞影阁书局等，介绍了这些石印书局的市场策略和对晚清上海印刷业的影响。所以全文是从印刷工业建构角度切入对石印技术的研究，并未涉及石印的艺术性。

（二）版画史研究领域

该领域的著作多重点介绍中国的雕版印刷发展史，石印画往往被忽略，或仅在晚清雕版画衰落部分简单提一下，作为引起雕版画衰落的原因之一以及其后的替代形式之一加以介绍。

如王伯敏的《中国版画通史》中，石版画仅是"附带略述一下"[2]，并且认为"用石

---

[1] 韩琦著：《晚清西方印刷术在中国的早期传播——以石印术的传入为例》，载韩琦、[意]米盖拉编《中国和欧洲·印刷术与书籍史》，商务印书馆，2008，第126页。

[2] 王伯敏著：《中国版画通史》，河北美术出版社，2002，第160页。

版达到了印刷的目的,讲求印刷的清晰,印制的便利,不求艺术制作上的特点,所以这些石印画,从它的性质而言,还不能目之为艺术性的'石版画'"[1]。可见,虽然此类著作是从艺术角度研究版画艺术,但晚清石印画被排除在外。

至于一些从图像角度分析版画艺术的著作,则又没有较全面地论及不同印刷技术在艺术面貌变化方面所起的作用。比如阿英[2]所著的《中国连环图画史话》,文章涉及中国图像发展史上所有具代表性的连续性图画,而不仅限于雕版,自然也介绍了清末民初的石印连环画。但这部著作仅就图像形态做了分析,并没就图像背后有关石印技术对传统雕版画造型和雕版印刷品形式在晚清转型所起的作用做深入挖掘。

(三) 工艺技术研究领域

从技术角度介绍石印术的文章则往往从印刷事业角度论述石印技术的演变及其与现代平版印刷工艺的渊源;或是从图书馆学角度研究石印版书籍的文字编排、版式和版本鉴定;或是介绍石印技术在现代版画艺术创作中的应用和相关技巧。这类文章从各自专业角度为石印研究提供了珍贵的研究资料,并提示了不同的视角,但不可避免地相对过于专业化,因此缺乏一个就该特殊时期该特殊印刷工艺从技术到形式到社会意义的综合性探讨。

(四) 新闻报刊史领域

这一部分的著作提供了大量国内外的新闻传播和报刊发展史料,其中不乏对石版印刷术的介绍。如张静庐辑注的鸿篇巨制《中国近代出版史料》,就翔实罗列了晚清的石印报刊和书籍以及石印书局。方汉奇的《中国新闻事业通史》也提到了石印术在晚清新闻报刊事业形成阶段所起的作用。此领域对石版印刷的兴趣点在于石印新闻画,即石印画报。不过此类文章中针对石印画报的研究更侧重其新闻价值,是以新闻角度论述图像内容,而不是从艺术学角度分析图像形式,涉及石印

---

① 王伯敏著:《中国版画通史》,河北美术出版社,2002,第 160 页。
② 阿英(1900 年 2 月 6 日—1977 年 6 月 17 日),原名钱德富,笔名阿英、钱杏邨。安徽芜湖人。中国现代文学评论家、文学史家、作家。

画报的新闻特性,却往往忽略了其艺术特性。国外研究机构如海德堡大学也有针对晚清小报的专门研究,但同样侧重报刊的新闻价值和社会学意义,而没有拓展晚清石印小报在印刷手段和图像表达等方面所产生的特殊作用。

也有一部分文章针对性地研究各种石印画报,并且不局限于画报的新闻价值,而是顾及这种特殊报刊形式的综合特点。这类文章包括阿英的《晚清画报志》《中国画报发展之经过》等,依据其本人在此领域的长期关注和资料积累,提供了很多关于石印画报的独特见解和珍贵资料,并由此提示了诸多晚清石印研究课题。但可惜的是其本人并没有系统写出关于石印艺术的专项理论研究著作。

(五) 社会学领域

这是目前国内外有关晚清石印,特别是石印画报研究的主要方向,并且已取得了较为丰富的学术成果。

此类研究多从综合角度分析清末民初石印技术,通过石印图像的故事内容,画报形式的民间流通方式,石印书局的经营管理模式和市场营销策略,民众的反应等切入社会学研究。不过与其说这是研究石印艺术,不如说是借助石印艺术研究清末民初中国社会,前者是手段,后者才是目的。因而从严格意义上讲,并不属于艺术学研究,而是通过这一特殊艺术形式对晚清和民国社会以及民俗文化进行研究,虽然其社会意义也属于艺术学研究的一个重要方面,但并不是唯一方面。

比如陈平原的《左图右史与西学东渐——晚清画报研究》,以石印图像印制技术在晚清中国的推广,点石斋书局的经营,《点石斋画报》的图像特点等,较全面地分析了晚清的石印画报。这部著作还从图像学角度就石印画的艺术特点提出极其有价值的观点,提出了石印术对于脱离文本的图像独立叙事功能形成所起到的作用。这一点在此类研究著作中显得独具特色,使得文章更接近艺术学研究范畴。但遗憾的是作者没有就这一观点做更深入的挖掘和更全面的阐释;没有结合石印技术的特殊性,具体分析技术和形式的彼此影响;通过艺术和设计角度对图像面貌的变化和随之而来的功能转变的分析尚嫌简单化。

在此就要提到一些针对石印画报图像的研究,多数著作对石印图像的研究仍然是停留在社会学角度,即从社会学角度分析图像体现的文学内容,并通过对该内容的文学化解读来实现对晚清社会的观察和认识,即通过故事反映生活这样一个思路。如陈平原的《图像晚清》,吴庠铸的《点石斋画报的时事风俗画》,徐沛、周丹的《早期中国画报的表征及其意义》等。注意到也有个别短篇论文是从艺术和设计角度出发的,如董惠宁的《〈飞影阁画报〉研究》,该文章就《飞影阁画报》的构图、造型等做了精彩的分析,但由于文章篇幅所限,有关论述尚有具体化的余地,并且文中并没有提到石印技术对图像形式的决定作用及对晚清图像风格变化的影响。

上述各类有关石印的研究从不同角度为石版印刷艺术研究提供了珍贵的资料和理论线索,为在其基础上进一步研究提供了坚实的基础。而通过这些研究现状的分析,也使笔者意识到目前有关清末民初石印艺术的研究和分析多集中在新闻报刊发展史、印刷技术或社会学等领域,缺乏整合;并且缺少从设计艺术学角度所做的全面系统研究。本书将对此做一尝试,以视觉艺术规律为本,从对石印图像的具体分析着手,进入图像背后隐藏的广大世界,综合分析清末民初石版印刷艺术在印刷、新闻、文化、商业、社会风俗方面的作用,对这一重要的、涉及多领域的中国近代设计艺术形式做一深入探索。

三、研究重点

本书将重点关注以下几个方面:

第一,石印技术和石印图像两者的关系,特别是技术和材料对石印图像形式生成及晚清印刷图像模式转变所起到的至关重要的作用。

第二,石印工艺和石印图像在清末民初的传播途径、传播方法、传播过程及其本土化适应。

第三,以工艺与艺术的关系,视觉艺术的发展规律为出发点,探讨在以手工作坊为基础的传统印刷工艺到新兴大规模印刷工业转变的时代背景下,石印带来的印刷技术革新和产品面貌革新对中国近代设计文化形成所产生的作用,以及由此引发的设计面貌和设计思维的一系列变化。

第四,石版印刷艺术对清末民初这一特殊历史时期新兴工商业城市的都市文化事业建构所产生的影响和社会意义,包括在商业和教育领域的作用。

第二章

石版印刷术的产生
——揭开印刷工业化的序幕

　　印刷术的发明是为了便捷地复制文字和图像,以便传播信息和普及文化,这样的实用功能决定了这门技术的发展和革新是以降低成本、增加产量和提高质量这些务实目的为导向的。从印刷术中独立出来的创作性版画(无论是出于商业目的还是艺术目的)的艺术面貌也将随着技术的变化而变化。不同于其他绘画形式,其技术的发展多是围绕创作展开的,版画艺术依托的印刷技术的变革则更多的是与实用性和功能性需求相关联的。因而,要讨论石版印刷的艺术性,离不开对技术以及与该技术息息相关的时代背景的考察。

　　石版印刷术是印刷工艺发展的一个阶段,从发明到技术成熟不过百年,清末民初之际,在中国短暂繁荣了三十来年,但无论在世界范围还是在中国,这一技术的出现对社会的影响是深远和多元的。

一、西方石版印刷术的产生和发展

　　石印术来自西方,其技术以及依托技术产生的图像、观念带有鲜明的西方传统,所以我们要先从石印术的源头开始考察,由此也可见识晚清石印与之相比的独特之处。

(一) 石版印刷术的发明

石印术是西方印刷史上继古腾堡的铅字印刷术后的又一重大发明。1798 年,一位德国剧作家阿洛伊斯·森纳菲尔德(Alois Senefelder)在自己的印刷工作室意外收获了这项技术。随后他做了大量试验对其加以改良,并于 1818 年发表了研究成果——《石版印刷术》。

随后,一位富有的德国出版商约翰·安德尔(Johan Andre)对森纳菲尔德的新发明产生了浓厚兴趣,他最早在奥芬巴赫采用了森纳菲尔德石版技术,并安排画家在印刷所作画。随后,其弟菲利普·安德尔(Philipp Andre)在伦敦也开了一家印刷所,并于 1800 年邀请森纳菲尔德来伦敦工作了一年,开始了英国的石版印刷。约翰的另一个弟弟弗莱德里克·安德尔(Friedrich Andre)则于 1802 年从法国政府那里取得了石版印刷的专利,开始在法国开展石版印刷业,从事商业印刷。[①] 这样,在约翰·安德尔和他的两个兄弟的努力下,这一新的印刷术开始从德国迅速推广到了欧洲各地。

(二) 石版印刷术的制作原理

石印术利用水油不相溶的特性进行图文复制,这也是其后所有平版印刷技术的基本原理。

其基本制作程序如下:

① 磨光石版。

② 用一种油性物质在石头上书写或作画,附着在石头表面;或先画在转写纸上,再印于石面。

③ 将石头用水弄湿,石头上没有油性颜料保护的部分就会吸附水分,形成印版。

---

① 张奠宇著:《西方版画史》,中国美术学院出版社,2000,第 69 页.

④ 用滚动器为石头涂上油墨,石头上含油的部分能吸附油墨,含水部分排斥油墨。

⑤ 将一张纸压在石头上,油墨形成的图案就从石头转印到纸上。

若是照相石印,则是将底本用照相方法摄制成阴文湿片,落样于涂布感光胶的胶纸上,或直接落样于石版上,经过处理形成印版,即可再现原书。①

(三) 黑白石印—彩色石印—照相石印

石印技术一经发明,其材料和工艺就开始了不断的革新和发展。单就印刷板材来说就经历了最初的石版,到锌板、铝板,乃至以后的胶板的变化。最初的石印技术照例是黑白的,但由于有成熟的铜版套色技法在先,石版画从黑白印刷过渡到彩色印刷的进程很短暂。它的发明者森纳菲尔德就曾在画家帮助下,参考铜版套色技法于1818年成功地完成了九色印刷。② 后经过不同艺术家不断地试验和改良,法国人戈德弗洛伊·恩格尔曼(Godefroy Engelman)于1837年终于成功地用红、黄、蓝、黑四色版重叠套印出许多颜色,这就是一直沿用到现代的四色印刷。③

照相术与石印术相结合,令石印技术又向前迈进了一大步,这就是照相制版技术。"早期从事照相术研究的多半是石版印刷的爱好者或者石版画家,(其最初的设想)就是使用感光材料将图形呈现出来,然后通过转印的方式转到石版上,并通过石版印出来。"④这一技术到1860年代成熟,并在这一基础上产生了"珂罗版"印刷技术。照相石印很早就运用于中国的石印出版界,19世纪下半叶的很多经典类书的复制就采用了照相石印术。

从最初的文字印刷,到书籍插图和独立的版画创作,再到照相复制等,技术的进步令石版印刷的应用日益广泛。到了19世纪30年代,石印术已经非常流行,广泛运用于书籍封面、插图、包装纸、卡片、标签、广告招贴画制作等各个领域(见图2-1)。

---

① 李培文著:《石印与石印本》,《图书馆论坛》1998年第2期,第78页。
② 同上。
③ 苏新平主编:《版画技法(下)》,北京大学出版社,2008,第291页。
④ 同上,第294页。

图 2-1 20 世纪初土山湾印书馆的石印机

（资料来源：《土山湾记忆》，学林出版社，2010）

二、西方石版印刷术的特点

（一）西方印刷工业的有机组成

从上文描述可知石版印刷从诞生起就在经历一个动态的完善过程，其本身也是整个西方印刷技术发展长河中的一个片段，当然也是一个至关重要的片段。

西方印刷工业的发展并不是单纯的某种新技术替代老技术的单向性发展，而是各种技术交错并存，各自完善。间或某一技术成为主流，其他技术与之配合，共同成就某一时期的印刷业整体面貌；或者待各技术充分发展起来后，因其特色应用于各自专门领域，并且不可互相替代。石印术与西方印刷传统一脉相承，石印术的发明看似一次偶然事件①，但是，偶然事件产生于那样一个技术大发展的时代也有其必然性，是西方近代印刷工业化进程中的有机组成，其产生原因、呈现面貌和应用方向都是技术发展的合理结果。

---

① 见苏新平主编的《版画技法（下）》（北京大学出版社，2008，第 285 页）："森纳菲尔德在为印刷术改良实验磨平一块石头的时候，他的母亲来了，着急叫他帮助写一份洗衣清单。由于当时身边没有纸，也没有墨水，森纳菲尔德只好蘸着他使用蜡和肥皂自配的墨水就近在他磨平的石版上抄写下洗衣清单，想等到有纸之后再抄过去。后来在准备清洗掉写在石版上的字的时候，森纳菲尔德忽然异想天开，他试想如果使用硝酸液体腐蚀，之前写下的字是否会凸出来。于是，森纳菲尔德根据他的经验配好了适合腐蚀石版的硝酸溶液，并将石版放进配好的硝酸溶液中。5 分钟后，令他大为惊喜的是，写有字的地方竟然如他所愿地凸出来了，于是他将石版从硝酸溶液中取出，清洗干净后，滚上油墨，做了初步的印刷试验，效果还不错，获得了较为清楚的印张……终于发明了自己期望的制版法。"

1. 西方近代印刷业的整体面貌

15世纪，西欧国家工商业兴起，市民文化逐渐形成，人们追求信息、了解时事的欲望不断增强。自德国人约翰·古腾堡1438年发明金属活字印刷术后，隐藏在文字中的信息便从少数人手中解放出来。批量的印刷书籍替代了原有的只在贵族和僧侣手中传阅的少量手抄本。

一个半世纪之后，印刷术促成了另一项至关重要的现代传播媒体——报刊的诞生，并逐步替代原有的手抄新闻，成为新闻传播的主流媒介（在印刷术流行期间，手抄新闻也与之共同存续了很长时间），是现代新闻传播业的发端。人们开始利用报刊媒体报道重大事件，描述各种日常社会新闻，表达舆论。除报纸期刊外，各种活页印刷品的种类和数量也迅速增加，包括"小报、歌谣、版画，年鉴、宗教小册子，以及大批各种流派的秘术刊物"[①]和广告（森纳菲尔德最初就是在印刷剧本和乐谱的试验中发明的石印术）。

随着印刷术的发展而产生的这些不同形式的印刷产品又反作用于技术，主导技术的发展方向，如何有利于新闻传播的速度和品质成为印刷技术的发展方向。经过三百年的发展，铅活字印刷和历史更悠久的木版、铜版、蚀版等技法相互配合、通力合作，已经取得了初步成效。印刷工艺流程相对成熟，印刷品种类和形式相对齐全，印刷工业已初步建构了起来。

2. 印刷工业化促进了石印技术的发展

从19世纪开始，西方印刷界出现一系列重要的技术革新，包括油墨和纸张的改良，排版的机械化，辊筒式印刷机的发明等。这些技术综合在一起，加速了印刷业的现代工业化进程：印报速度从最初的每小时300张发展到每小时12 000～18 000份[②]，以法国为例，从1803年到1870年，巴黎的日报发行量从36 000份激增到1 000 000份[③]，而1870年到1914年，巴黎报业的发行量又从1 000 000份增到5 000 000份，外省报业从300 000份增到4 000 000份。到1914年，法国日报业市

---

① ［法］皮埃尔·阿尔贝、［法］费尔南·泰鲁著：《世界新闻简史》，中国新闻出版社，1985，第7页。
② 同上，第38页。
③ 同上，第35页。

场已接近饱和[①]。报刊已由原来的被视为一种稀少、珍贵的,只有极少数富贵的、有教养的上层人物才能享用的特殊产品转变为小资产者和普通市民等新兴社会阶层的日常读物。

要配合这样的大众化普及性印刷品,原有的又慢又贵的各类型的凹凸版版画插图显然不足以胜任,此时,石印术的出现正好弥补了这一缺陷,使图像的制作和复制也达到了快速、价廉、质优的工业化要求。到了 20 世纪初,最早的大型画刊已普遍采用石印法印制插图。

石印术加盟印刷业起到的是一种促进和补充作用。石印术在最初发明时优势并不显著,直到森纳菲尔德将滚压式印刷机改良成刮压式,才大大提高了印刷质量和工作效率,达到单机印刷每天 300 张,超过欧洲此前的印刷术。石印术为印刷工艺降低成本、增加产量、提高质量(尤其是在丰富印刷图像的效果方面)做出巨大贡献,增加了图像在新闻传播业中的分量,并扩展了印刷工艺在商业领域的应用,也为更新技术的产生做了可贵的尝试。

3. 石印术主要应用于图像制作

石印术一经出现,便积极加盟以报刊为主的新兴新闻传播媒体业。但石印术的主要成就体现在图像制作领域,文字编排仍以铅活字印刷为主(这一点也体现在后来的中国印刷工业中)。西方的石印画和原有的木版画、铜版画在制作工艺上确实有所不同,艺术特点也不一样,但其所使用的基本图像语言和所遵循的图像规律和造型法则是相似的(见图 2 - 2、图 2 - 3)。因而,石印术并没有改变既有出版物中的图像面貌,而是在原有模式内的一种改良和补充。在图文并茂的出版物中,图像与文字的排布关系也没有因为该新技术的加盟而发生明显变化。与之形成对比的是,石印术在中国的引进令传统图像表达系统和图文呈现结构发生了彻底改观,对中国近代印刷工业系统和印刷出版物的图文呈现系统的建构起到了至关重要的作用。这也是我们在这本书中要重点讨论的内容。

4. 石印术是平版印刷的鼻祖

事实上,石印术对于西方印刷工业的真正巨大影响在于基于石印技术的另一

---

① [法]皮埃尔·阿尔贝、[法]费尔南·泰鲁著:《世界新闻简史》,中国新闻出版社,1985,第 72 页。

图 2-2 伦勃朗(Rembrandt)的蚀刻铜版画(17世纪)(荷兰)　　　图 2-3 戈雅(Goya)的石版画(19世纪)
　　　(西班牙)

(两者都是塑造的,画面是以体块和明暗等造型语言表现)

项重要发明——胶印,从20世纪初开始,被一直沿用到现在,成为主要印刷技术。从广义上讲,所有的平版印刷都源于石印,所以胶印也属于石印。但如果将本书研究的范围扩展到所有的平版印刷,内容将过于浩瀚,讨论将流于泛泛。所以,我们所要讨论的石印艺术将集中于以石板为承载物的早期阶段。

(二)艺术家的参与

西方石印的另一个特点是:艺术家在一开始就积极参与其中,在早期的石版工作室中商业和艺术就是不分离的,石印画很早就成为创作性版画独立于商业印刷。

1.19世纪是欧洲石版画的繁荣时期

最早接受森纳菲尔德石版技术的约翰·安德尔一开始就在他的印刷所接纳画家作画。这些画家的作品于1804年被编印成一本名为《杰出的柏林画家的石版素描集》的石版画集。菲利普·安德尔也在伦敦的印刷所邀请伦敦所有著名的画家作画,并且早于德国,在1803年编印了一本最早的石版画册《石版画样本》,里面集中了包括担任皇家美术学院院长的历史和宗教画家本杰明·韦斯特(Benjamin West)在内的30余位画家的石版画。而在法国,查尔斯·拉斯泰勒(Charles

Lasteyrie)和戈德弗洛伊·恩格尔曼(Godefroy Engelmann)也于 1816 年在巴黎开了一家石版印刷店,吸引了许多青年画家在这里作画。

到了 19 世纪 20 年代,石版画更为繁荣,许多报章杂志竞相刊载,并定期出版画刊。如 1829 年创办的综合性杂志《剪影》,1830 年创刊的《漫画》周刊,1832 年创办的日刊《喧噪》等①,多为文字说明配上独立完整的石印画,内容主要是对法国社会生活中各种事件的报道、评论、讽刺和教育。这类画刊当时在巴黎很受欢迎,吸引了一大批画家为之工作,从而产生了许多著名的石版画家,著名画家奥诺雷·杜米埃(Honoré Daumier)就活跃于该领域。另外,出版家巴隆·泰勒(Baron Taylor)搜集并编辑出版了著名的《法国旅游胜地和古迹风景》的石版画辑,从 1822 年开始到 1878 年陆续出版了 21 卷,共辑录了石版画 3 035 幅,是一部反映法国 19 世纪生活形象的"百科全书"②……还有许多例子都说明了 19 世纪石版画在欧洲美术界已相当流行。

2. 石版画承袭欧洲版画传统

在石印术出现之前,欧洲就有强大的版画创作传统。自 15 世纪脱离印刷生产而成为独立的创作性造型艺术,西方的版画遵循着文艺复兴开始的一贯的写实主义原则,力求真实再现,讲究造型的准确和空间的真实,并且利用黑、白、灰的色层变化作为版画的基础表现语言,构成特有的画面效果。随着印刷术在几个世纪的发展、变革,版画也经历了木刻、铜版、蚀刻到石版的技术变化,但这一写实主义传统始终未变。

与以往的凹凸版画制作方式不同,石印术是第一种可以让画家按照他们习惯的绘画方式,在一个平整的平面上"作画"的版画复制法,其过程更类似于直接的绘画创作。所以当石版画一经出现,艺术家便热情地参与到创作中,用新的技术丰富画面,探索其不同的表现力。前有利用黑白石版的自由犀利表现力来针砭时弊的杜米埃,后有利用彩色石版画的特殊块面效果探索视觉现代感的吐鲁兹-劳特累克(Toulouse-Lautrec)。

---

① 张奠宇著:《西方版画史》,中国美术学院出版社,2000,第 80 页。
② 同上,第 69 页。

3. 中西方早期石版画制作人员的不同

西方石版画家的身份与清末民初的中国石版画家不同,关注点也不同,他们更带有知识分子和自由艺术家气质,作品以批判性为主,从业者多为艺术家,如英国皇家美术学院院长本杰明·威斯特,西班牙浪漫主义艺术家戈雅,法国批判现实主义画家杜米埃,后印象主义画家吐鲁兹-劳特累克等。另外,还有许多艺术家也积极尝试石印画的创作,他们的名字在艺术界耳熟能详,如奥迪隆·雷东(Odilon Redon)、爱德华·蒙克(Edvard Munch)、保罗·克利(Paul Klee)和凯绥·珂勒惠支(Käthe Kollwitz)等。

与西方社会相比,19世纪末20世纪初的中国社会性质不同,阶层格局不同,从事石印画创作的多为工匠阶层的民间画师,而不属于士人阶层的文人画家,这也决定了石版艺术的面貌和内容以及发展方向不同于同时期的西欧。这点将在后文中具体讨论。

(三) 官方的支持

欧洲的石版技术也受到官方的关注和支持。在英国,受到皇家美术学院院长的重视;在法国,则引起了拿破仑本人的浓厚兴趣,并且由政府自上而下予以支持,还组织了一个专门以石版画颂扬拿破仑武功的绘画机构。政府支持在相当程度上为石印术的推广和技术的精进提供了保障,使其能够在政策优惠和商业利益的双重呵护下迅速壮大。19世纪初,石印技术在英、法两国迅速发展起来,两国也很快成为现代印刷工业和新闻媒体强国。

与此不同的是,在中国,早期的石印技术是由传教士和外国商人推介的,随后民族企业家也参与创建印刷机构,但政府部门始终不曾特别扶持过。这样就使得中国的石版印刷业在发展轨迹上始终带有自发性和民间性,内容和形式的变化主要受到市场和经济的影响,在趣味追求上也受到一定局限,无法脱离世俗性。

第三章

革故鼎新之际石版印刷术传入中国

一、新旧交替的时代背景

　　清末民初是个新旧交替的重大历史转型期,在外来影响和内在革新需求的催促下,社会变革风起云涌,各生产领域的技术和社会各阶层的思想观念都发生着深刻而急速的改变,为类似于石版印刷这样的西方新技术的传入创造了历史条件。

(一) 中国人的主动学习

　　从 16 世纪开始,西方传教士来华传教的同时也把一些西方近代科学技术带到了中国。其中作为皇家赠礼的各种精巧机械装置更是引起了几朝皇帝的浓厚兴趣,但它们仍只是被当作稀奇有趣的能工巧技而沦为摆设和玩物,至于蕴含在这些"机括装置"背后的科学技术的更深层次的意义,即对行将到来的工业文明的预示,并未被注意到或并未受到足够重视,西方技术的价值和发展潜力并没有受到当时统治阶层认真严肃的对待。

　　这一态度直到几个世纪之后才被迫转变,源自 19 世纪中叶开始的列强的屡屡武力进犯以及清廷的接连军事失利。西方以"船坚炮利"为表现的军事力量让晚清士人看到了"夷人长技"的厉害,意识到向西方学习新技术的必要性和紧迫性。"中学为体,西学为用"的观念被提了出来并为中国士林阶层普遍接受,认为在文化"体、用"体系可分的前提下,除华夏文化的核心不变外,在工艺技术上尽可以向西方学习。无论是甲午之前温和的洋务派还是之后更为激进的维新派,虽然对"中体西用"的理解有所不同,但在"师夷长技以制夷"的观念上是一致的。

学习西方技术成为时代风气。朝廷自上而下推行洋务,以官方出面发展近代工业,引进西方工业革命的科技成果,兴建了一大批工厂企业,并摹习西方的筹建和运作方式,发展起了中国早期民族工商业。进而,西学更被纳入教育体系,西学内容甚至还出现在了最后几年的科举考试中。"国家取士以通洋务……凡有通洋务、晓西学之人,即破格擢用。"①鉴于科举制度与中国读书人的密切关系,科举考试中接纳西学这一导向性的教育举措促使更广泛的文化阶层转变了对西学的态度,从排斥或轻视到迎合和重视。这样,西学一旦为属于文化中坚力量的士人阶层所接受,其在华传播即变得更快更顺利了。科举废除后,全国兴办新式学堂,其初衷便是"引进'西学'和'西艺',以培养能够适应改革需要、挽救统治危机的人才"②。西方科学知识被正式纳入教育大纲,编入教材,进入课堂,成为教学内容的主体。"据统计,在清末普通学校里,传统的经典知识只占 27.1%,而数理化等新知识占72.9%。"③

由此可见,19 世纪中叶,西方技术以"船坚炮利"的强势姿态打开中国国门,摧垮了中国人的文化优越感,颠覆了中国人对中西强弱的固有概念,并改变了对技术的轻视态度。人们不得不开始认真地看待西方技术。从开始关注"夷人长技",到有保留地推行洋务,再到积极主动地学习引进西学。各种西洋科学技术开始以前所未有的速度和规模输入中国。这些技术裹挟着其背后的西方意识形态以及文化价值体系,开始深远而持久地影响中国社会的方方面面。"中学为体,西学为用"最终有意无意地倒向了对后者的强调。

---

① 杨齐福著:《科举制度的革废与近代中国文化之演进》,载郑师渠、史革新、刘勇主编《文化视野下的近代中国》,中国传媒大学出版社,2009,第 378 页。
② 白文刚著:《清末学堂教育中的意识形态控制》,载郑师渠、史革新、刘勇主编《文化视野下的近代中国》,中国传媒大学出版社,2009,第 395 页。
③ 同上,第 379 页。

(二) 列强对技术的有效输入渠道

1. 通过条约制度采取的强制输入

外来技术的顺利传播与口岸条约制度直接相关,通商口岸的开通为技术的输入提供了便利。从 1760 年到 1834 年,广州是清廷允许与外商开展进出口贸易的唯一窗口。南京条约签署之后,则扩大到五个通商口岸。之后,更多条约签订,更多口岸开放。"19 世纪 40 年代和 50 年代这 20 年构成了中国对外关系新秩序的第一阶段……在 19 世纪 60 年代到 90 年代的下一个 30 年中,通商口岸成了中外共管、文化混杂的中心城市:它们对整个中国有着日益扩大的影响。"[①]这些口岸准许缔约国派驻领事,准许外商及其家属自由居住,另订更利于通商的关税则例,废除公行制度,准许外商与华商自由贸易等。口岸条约中的一系列政策都有利于贸易和技术输入。这样,西人在口岸兴办工厂,建立企业,培养城市工人,将通商口岸纳入其殖民地工业链,改造成在沿海地区的一个个现代城市和商业中心,从而成功地把技术转化成直接经济利益。

2. 依托传教行为的和平输入

除了上述通过条约制度强制性输入技术外,另有一种相对温和的渠道似乎更为行之有效,那就是传教士的作用。特别是 19 世纪初,欧洲新教徒开始在中国传教,其保有的文化优越感使他们更自认有责任"教化""落后"的中国。19 世纪西方列强对中国的侵略并非纯粹的领土掠夺,而更多的是一种以条约强制打通帝国通商渠道而获得经济利益的一种间接但更有效的经济掠夺,这就需要通过文化渗透来消除交流屏障,为将来的贸易协作疏通渠道。这样,为了取得观念上的共识,西人会带着一系列工业革命带来的新技术,以说服中国士人接受其文化,甚至承认其文化的优越性。传教士就在其中起到重要作用,通过传播西方科学作为手段来证明西方文化的优越性。而最行之有效的方法就是"集中于利用出版物来影响中国读书人"[②]。这样,西式印刷出版一方面作为记载和传播西方技术和知识的有效手段,另一方面作为一项先进技术本身,成为传教士对近代西方技术东输的活动中成

---

① [美]费正清、刘广京编:《剑桥中国晚清史》(上卷),中国社会科学出版社,1985,第 206 页。

② 罗志田著:《西潮与近代中国思想演变再思》,载《变动时代的文化履迹》,复旦大学出版社,2010,第 9 页。

就最突出的一项贡献,它最初主要是随着与传教事业相关的宗教出版印刷机构在东亚殖民地的建立而输入中国的,并在随后影响了整个中国近代印刷工业的面貌。

(三) 中国历来对印刷出版的重视

中国的雕版印刷技术发展到明中后期已经相当纯熟。其时,以书坊为中心的民间出版系统十分活跃;各大藏书家对书籍的搜罗、整理以及他们自己出于保护目的而发起的对所藏典籍的抢救性翻印活动也为书籍市场的繁荣做出了贡献;明清两朝当权者也大力支持出版业,内府就屡屡发起修书盛典。凡此,形成了以书籍为中心的文化网络。这股图书收藏热潮一直延续到十七八世纪,在文化市场上出现了大批类书、戏剧小说、实用工具书等,用以满足耕读士子应付科举考试的需要和普通百姓获取常规知识以及消遣娱乐的需求。当然,由于获取的难度以及价格的昂贵,更具学术价值的经典古籍善本以及珍本在市场上仍然数量有限,多属于士大夫阶层的私人收藏或被限量珍藏于内府书院,甚少在坊间流通。

清代延续了明代图书业的发展势头,为以近代印刷出版业为核心的学术发展以及文化普及打下了基础。民众对书籍的广泛需求造就了出版市场的巨大潜力,原有出版领域的技术革新余地也为当时新印刷技术的顺利引进创造了契机。到了19世纪,以石印为代表的来自西方的一系列新印刷术以其在品质、效率、成本上的优势迅速占领了图书生产市场,其恰逢其时地出现为书籍的进一步规模化生产创造了技术上的条件,促进了市场的繁荣,并推进了印刷业的现代工业化进程。此前相对难得的孤本、珍本、古籍等也终于得以在民众中普及。此时,兼具新旧技术优势的江南地区成为图书出版重镇。

(四) 现代城市和商业中心的初步形成

清末民初也是中国社会结构转型的重要时期。在传统农业时代,乡村是社会经济和文化的基石。以个人和家庭为单位的独立分散的生产活动是整个社会物质持续供应和经济稳定发展的基础;在执行了千年的科举制度下形成的"耕读"传统又使得乡村成为教育和人才选拔的基地,是整个社会文化衔接和人才循环供应的保障。城乡一体的社会结构以及自给自足的生产方式也决定了人们的社会活动相对有限,多为以个人、家庭、邻里、村社为范围的独立分散活动。一方面,在这种稳定少变的惯性化自在循环的生活状态下,人们对于外来信息的需求并不强烈;另一方面,人们获取信息的渠道也并不畅通,基于新闻传媒系统的公众文化网络在这样的社会结构中是无法形成的。

但到了近代,随着条约口岸的开放,社会结构开始发生变化。陆续开放的口岸形成了一批全新的近代工商业城市,这些城市的建立和发展完全脱离了传统农耕经济,而是基于近代工业和口岸商贸活动。继而,随着人口的激增以及人口结构的变化,形成由产业工人和不同职业群体组成的城市市民阶层,并且与之相应产生了有别于乡村文化的都市文化。"它(条约口岸城市)在经济基础上是商业超过农业;在行政和社会管理方面是现代性多于传统性;其思想倾向是西方的(基督教)压倒中国的(儒学);它在全球倾向和事务方面更是外向而非内向[1]。"

由职业加以标签的市民阶层是城市这一庞大的综合机器的有机组成,个体被消解,融入更具共性的职业群体。与乡村居民相比,在城市中生活的市民的生活诉求和意识形态更具社会性。他们经历更多共同的活动,对于信息、语言、思想、文化、情趣、风尚等的交流互动有共同的需求。相比于乡村生活,城市生活带有更多集体色彩,"娱乐场所、文化事业、大众传媒、公共语言等组合成综合性的公共文化空间[2]"。这样,依托新印刷技术的近代新闻传播事业以及与平面视觉传达紧密结合的广告娱乐业迅速地在城市形成气候,并很快成为都市文化事业的载体和表征,成为城市经济和市民文化生活的重要组成部分。

二、清代晚期传统印刷工艺与石印的关系

西方的石印术在晚清以强势姿态输入中国,但如前所述,中国有积淀深厚的传统雕版印刷术以及完备的印刷生产系统。这一新一旧的冲撞必然产生火花,并改变彼此的面貌,最终形成某种程度和某种形式的融合。

---

① [美]柯文著:《在传统与现代性之间——王韬与晚清改革》,江苏人民出版社,1994,第 217 页。
② 李长莉著:《清末民初城市的"公共休闲"与"公共空间"》,载郑师渠、史革新、刘勇主编《文化视野下的近代中国》,中国传媒大学出版社,2009,第 423 页。

（一）清代雕版印刷对晚清石版印刷具有直接影响

1. 木版画与石印画关系密切

按照著名美术史论家王伯敏的说法,清代是中国木版画发展的"续盛"阶段①。但确切地说这一"续盛"只持续到嘉庆年间。进入18世纪后半叶,雕版印刷的颓势日益显著,传统版画的几个主要门类都出现衰退迹象,这也为新技术的引进和推广提供了空间。但即便如此,木刻版画仍然保持着其强大的传统,作用于中国人的读图习惯和对图像的既有概念。因而,晚清传统雕版印刷工艺的发展状况及艺术面貌对后来晚清石版画的特殊面貌的形成及其发展方向都有重大影响。我们通过对以下三类传统木版画的分析来了解传统雕版与晚清石印的关系。

1）木版年画与石印画的关系

在明代充分发展起来的戏曲小说插图在整个清代都处于低谷,这和清廷政策有关。清朝统治者为巩固集权统治,在文化领域加强管制,提倡"正人心,厚风俗",常以"诲盗诲淫"为由,禁毁民间流行的小说和戏曲。这样,戏曲小说插图随之衰落,特别是后期的坊刻本,愈发粗俗简陋,与前朝不可同日而语。

小说绣像的衰落却意外促就了木版年画的繁荣。木版年画的名称是晚近才有的,早期称为"画张儿",属于民间装饰画,其源头可追溯到宋代,最早的年画铺出现在明末,而年画最兴盛的时期是在清乾隆年间。同民间坊刻的绣像小说一样,年画也是具有广大群众基础的民间艺术,当民众无法从小说绣像中获得视觉娱乐和审美享受,自然便会寻找另一种形式来弥补。比如苏州桃花坞年画的兴盛就与之前此地多出版经营绣像本戏曲小说不无关系。清代的民间艺人通过年画来反映普通民众的生活,表达他们的思想和愿望。相比小说插图,年画的题材更广泛,形式更多样,也更具民俗色彩,因而比绣像拥有更大读者群,成为一种流行于各地的群众喜闻乐见的版画形式。

木版年画在很多方面都与后来的石印画报有共同点,后者可谓前者在新时期的新表现。

在内容上,年画"'巧画士农工商,妙绘财神菩萨''尽收天下大事,兼图里巷所闻',而且'不分南北风情,也画古今逸事'②。"鸦片战争之后出现在开埠口岸的各种

---

① 王伯敏著:《中国版画通史》,河北美术出版社,2002,第128页。
② 同上,第183页。

新奇事物以及当时的重大事件也经常被搬上年画。后来的石印画报在选题原则上与之相似，只是对时事新闻更关注，并且主要面向城市居民。因而两者在内容上都是面向广大民众的，属于俗文化。

在形式上，年画以图像为主，不同于文学插图，这点与石印画报一致。绣像小说中的绣像属于文学插图，往往依附于文章，并且和文字相互补充来表达文学作品复杂的思想内涵，而年画需要以图叙事。使用中国传统造型语言的雕版画在再现性和叙事性方面并不见长，所以，木版年画无法表达复杂的内容，大多通过一些约定俗成的图像模式表达祈福纳祥的美好愿望，造型语言直白明确，内容通俗浅显，感情单纯充沛，也因此受到普通民众欢迎。石印画在某种程度上继承了木版年画的功能以及以图叙事的形式，但是其所采用的技术及包含于技术的西洋造型体系使其在图像叙事能力上远超木版年画，使运用图像描绘和记录现实真正成为可能。

在经营上，木版年画的行业竞争激烈，从业者必须在内容和形式上积极求新、求变，以维持对大众的吸引力。上海小校场年画在选材上就往往挑选那些新鲜事物和最新事件，无论是内容还是表现手法往往吸收当下的流行元素，可说与时俱进，这一点与石印画报相似。比如，年画和画报上都有关于开通铁路的描绘（见图3-1)[①]，又都有关于西洋节庆的内容。此外，各个年画铺都非常重视画师的作用，广纳各地贤能前来创作，这一点也极似石印画报社的经营策略[②]。所以，木版年画同石印画报一样是深受供求关系影响的市场化的艺术创作。

因此，我们可以看到清代民间版画这样一个发展线索：文学版画插图→木版年画→石印画报。石印在技术上不同于雕版，且是舶来品，但进入中国后必须适应中国的文化环境和市场，于是必须或多或少融入传统脉络中，在形式和观念上与此前的民间版画相靠拢，木版年画的风行也为后起的石印画打下了厚实的群众基础。

2）官刻版画与石印画的关系

只要不威胁到统治，清政府还是很乐意投注精力于文化事业的，特别是能体现

---

① 此画翻刻自上海旧校场年画，见《千万不可搞错——苏州桃花坞木刻年画中的改头换面弄虚作假事例》，凌虚口述，金凯帆整理，而旧校场年画中很多图像来自上海流行的石印画报，并且有石印画家参与制作。

② 见《请各处名手专画新闻启》，载《申报》(1884年6月7日)："……本斋特告海内画家，如遇本处有可惊可喜之事，以洁白纸鲜浓墨绘成画幅，另纸书明事之原委。如惟妙惟肖，足以列入画报者，每幅酬笔资两元……"

图 3-1　小校场年画《上海新造铁路火轮车开往吴淞》

大清帝国之盛世繁荣的大型文化举措,所以清朝出自武英殿的一系列斥以巨资的官刻版画确实也具有不同凡响的华丽效果和精致面貌。很多作品由当时的在华传教士参与制作,在作品构图、表现方法和风格方面带有西洋绘画特点,是阴阳、透视法在中国版画中的早期尝试。而铜版画《平定西域战图》则是完全请在华外国画家绘制并运至法国铜版镌刻的,完成的作品纯为西方铜版画风。这些殿版版画的成功和影响力为今后中西结合的画法在民间的流传和接受奠定了基础。

官刻版画在内容上多为帝国胜景的描绘,如《避暑山庄诗图》《圆明园诗图》,场面宏大,细节丰富,这类题材极适宜采用西洋手法绘制。当初很多参与刻版的刻工都来自苏州,他们将这种新的图式和构图技巧带进了自己的行业圈,并将之结合到民间版画的创作中,影响了整个地区的民间版画面貌。苏州是清末木版画的主要生产地,作品的大量复制和传播使带有新气息的图像广为流传,从而培养了民众对这种图式的欣赏习惯。江浙一带的画家刻工耳濡目染这种图式,其构图技巧和造型特点也就会自然流露在自己的创作中。这也是为什么在后来的石印画中,画家对透视法、明暗法等的运用已然娴熟而不生涩,正因为此,技巧和图式由传统到现代的进一步转换过程也变得顺利,此地区的民众对"新式"的石印画图像的接纳和认可也并无特别障碍。

3)画谱和名家作品对石印画家的影响

清代的各类图谱相对比较丰富,尤其是一些人物画谱,著名的如《芥子园画传四集》,对中国人物画画理以及画法做了较仔细的介绍。此外,《凌烟阁功臣图》《晚笑堂画传》《皇清职供图》以及任熊的《列仙酒牌》《於越先贤传》《剑侠传》《高士传》,改琦的《红楼梦图咏》等,这些人物画集及画谱是中国人物画的集大成,提供了丰富的图像资料,名家风格通过作品的复制得以保存和推广,而像《皇清职供图》这类对各色人物的写实主义记录也为后来的画家提供了一份实用的资料。相比较清代文人画,这些民间流传的画谱对中国画,尤其是人物画传统的保存、总结、继承和推广作用更大,当时的许多民间艺人就是从描摹画谱开始掌握绘画技能的①。石印画家多是来自民间的绘画能手,这也与画谱的流行不无关系,我们从吴友如的石印画中就可以看到从陈洪绶到任熊的中国正统人物画的继承脉络。

2. 木版画以复制为主要目的

清代的雕版印刷主要作为生产书籍或复制图像的手段,虽然在有些画面上也会多少显露出"木刻味",但无论是画师还是刻工都没有充分发掘这种由材料和工艺所决定的特殊形式美。画师在作品中考虑的是诸如线条、笔墨、韵味、逸气等正统文人画家所追求的画理和精神,而没有特别关照木版画由工具、材料和技术造就的特殊性和表现力。在康乾年间的确涌现出像朱圭、梅裕凤这样一批优秀的刻工,著名的殿版版画很多出自他们之手,但是这些刻工仍只是被当作能工巧匠,而非艺术家,他们的为人称道之处在于其雕工卓越,刀法细腻,能惟妙惟肖模拟原纸本绘画之神韵的技术能力。当然,在版画制作的具体过程中往往需要刻工与画师通力合作,画师会因为版刻的技术特点而对画面有所调整,刻工则会根据自己的理解和雕版技术规律去表达画家的意图,但这些仍然是双方为了使复制能够更顺利地进行而做的微小调和。所以这些版画归根结底还只是纸本画的拷贝和复制。在此,版画图像的创作规律和美学追求并没有独立,而是追慕纸本绘画的。

这一点与西方不同,西方的创作性版画早在 15 世纪就从印刷复制的生产领域独立出来而成为一个艺术门类。许多著名的艺术家积极参与版画创作,充分发掘材料和工具的独立性能,以此创造出不同于其他艺术形式的版画所特有的视觉效

---

① 见齐璜口述,张次溪笔录的《白石老人自传》(人民美术出版社,1962,第 24 页):"光绪八年……无意间见到一本乾隆年间翻刻的《芥子园画谱》……我仔细看了一遍,才觉得我以前画的东西实在要不得……有了这部画谱,就像是捡到了一件宝贝,就想从头学起,临它个几十遍……"

果。比如 16 世纪阿尔布雷特·丢勒(Albrecht Dürer)的铜版画,17 世纪伦勃朗对于蚀刻版画的研究,19 世纪杜米埃、劳德累克的系列石版画创作等。艺术家在绘制版画的时候考虑的是版画工具材料所可能呈现的效果的独特性和唯一性,而非仅把它当成一个简单的复制过程。画家的任务贯穿整个制作过程,并监督作品的每一道工序以确保最终效果符合最初预想。而对于中国画家,有时候提供一个画稿就行了,接下来的制版镌刻则属于另一种性质的单纯的复制与生产阶段,而不是艺术创作的有机构成,艺术家可以不参与其中。

总之,清代的版画虽然有其时代面貌,但总体来说所延续的仍然是旧有的传统,版画是种纯粹的复制工艺,而非独立的艺术创作。这一点也将影响到后来人们对待石印画的态度。

(二) 晚清多种印刷工艺的出现为石印术的传入和运用做了铺垫

1. 雕版工艺占统治地位不利于新技术的推广

中国人使用最广、发展最充分的印刷技术是雕版印刷。虽然也偶或使用活字或其他手法复制图文资料,但毕竟占少数。所以说中国历史悠久的印刷工艺发展史可以说基本上是一部木雕版印刷的发展史。这一方面说明经过技术的尝试、变革、淘汰,雕版印刷最终成为最适合复制保存线性中国文字和线性中国图画的手段;另一方面,当技术充分发展起来后,技术与凝结于技术的思想观念融为一体,制作工艺、流程和艺术追求形成了一套自成体系的雕版印刷文化,并早已有机地融入中国文化的大系统中。因而,在这个由雕版印刷占统治地位的严密系统中,其他印刷工艺就很难立足,更别说依据自身特点成长发挥,往往情况是新进的印刷术因其制作工艺、艺术特点等与木雕版相抵触而被排挤。

当然,雕版印刷也有其缺陷,比如制作周期较长;对刻工的依赖性强;镌刻的版子经不起多次使用,反复使用后印刷清晰度就会降低,印版容易损坏;且使用后还需考虑存储或销毁印版等后续问题;印刷格式固定成套路,在形式上难以突破等。但按照传统民间书坊的生产规模以及出版物品种来说,这些缺陷并不会造成太大问题,雕版印刷与这样的生产需求是完全相适应的,也是最理想的技术方案。

2. 多种印刷工艺并存逐渐打破传统格局

1）新的社会需求改变印刷技术格局

到了清末，随着城市化和商品经济的进一步发展，人们生活方式和文化诉求也发生相应改变，文化领域逐渐出现了一些新的印刷产品以满足新的社会需求，特别是一些传递即时信息的早期报刊以及临时性的图文宣传品。这类新兴事物在数量、质量、生产周期和发行方式上都有别于传统印刷品，原先形式单一的印刷生产系统一时无法满足这类新市场需求。这样，稳定少变的中国传统印刷业开始发生结构性变化，逐渐形成以雕版为主，多种印刷手段并存的局面。比如 19 世纪初，蜡印技术开始普遍使用于早期的官方报纸，如省报性质的辕门钞以及各地复印的京报。蜡版印刷的质量较差，但便于更快地发布新闻和消息，适合用来印刷时效性非常强的新闻类印刷品或临时的告示、招贴等①。另外，官方承办的不惜重金精印的大型出版物则开始使用金属活字印刷和西洋铜版技术，前者如《古今图书集成》（雍正四年本为铜活字，光绪十年本为铅活字），后者如铜版地图，三十六幅热河图（1713 年康熙授命镌刻）。此时在民间，水印木版年画也开始风行，在传统木版印刷工艺中一枝独秀。

2）外来影响加速印刷技术的多样化

除了中国印刷技术自身的内在发展外，19 世纪各类外来印刷术的输入更是加快了中国印刷行业结构的改变，直接影响了中国近代印刷工业的格局。

随着近代西方传教士的在华传教活动，各类新的印刷技术随同其他西方工业革命成果一起传入中国。技术的输入依托具体的产品，传教士选择和推广哪些技术是从实用主义角度考虑的。之所以注重印刷技术，是为了在中国本土建立教会组织自己的印书馆以便于印刷宗教宣传品，在提高效率的同时降低宣教成本。至于是采纳中国的传统木雕版技术还是新式石印或铅活字技术，需要经过认真细致的成本核算。19 世纪初伦敦传道会的米怜在马六甲经营教会出版事务时就对各种印刷术的性价比做过详细比较；之后美部会传教士裨治文（Bridgman）创办的《中国文

---

① 见张秀民著，韩琦增订的《中国印刷史（插图珍藏增订版）》（下册）（浙江古籍出版社，2006，第 407 页）："清代蜡印术仅见于西方文献，最早出现在法国耶稣会士杜赫德（Jean-Bap-tiste du Halde，1674—1743)编著的《中华帝国地理历史全志》中。"

库》(*Chinese Repository*)在 1834 年 10 月期也曾专门撰文比较了雕版、石印、活字的优缺点,估算了三者的印刷成本;最早在中国建立石印印刷所的英国传教士麦都思(Medhurst)也根据自己的实践对三者进行了取舍。这些传教士在建立西式印刷所之初的这种对于技术选择的考虑不是基于如何再现中国字画的表现力和艺术神韵,而是如何在有限的资金支持下简单地尽快刻出能够辨认的规范化的字体。

这样,在洋人开设的印刷所中,通过成本核算和综合考虑,不同的印制对象开始采用不同的技术完成:铅活字用来印刷文字,石印主要用来复制图像,木雕版和铜版等相配合……各类印刷技术开始依据各自特点在所擅长的领域发挥作用,并且开始影响最终产品的面貌。在这种追求效益的工业革命式的单向性思维模式影响下,中国原先完备的雕版印刷工艺系统最终被分解了,新式印刷所制作的印刷品在技术手段和产品面貌上不再规范统一,建立在传统雕版工艺基础上的特定的美学系统被打破。石印正是由于其在图像复制领域的优势而在现代印刷工业中占据一席之地,当中国雕版印刷独大的局面被打破后,图像领域开始对石印开放。

印刷系统中这种多技术并存的局面也是近代工业文明影响下社会分工、生产细化、需求多样化的必然结果。当原先封闭的行业空间被打开,不同的技术各自获得巨大的发展空间,传统的木刻书坊、新式的综合型印刷机构和石印书馆各自拥有了生存空间和广阔的应用领域,进而促进出版事业持续繁荣,为文明发展和信息传播助力。报纸、杂志、海报、包装等新式印刷品不断涌现,石印技术也很快就脱离了宗教宣传册的狭窄应用领域,开始发挥其真正的社会作用。

(三) 石版印刷的流行导致雕版印刷的衰落

晚清的雕版印刷书局主要由三部分组成:官刻(如中央和地方政府)、家刻(多为士绅大贾)、坊刻。官刻和私家书坊的刻本多精美昂贵,以学术经典为主,且多供应官僚士大夫阶层,而供应民众的读物则多仰赖民间书坊。由于石印术最先是通过民间渠道推广的,所以,其对传统雕版业的冲击也是自下而上的。最先受到影响的是民间书坊,接着迅速扩散,进一步打破原先的印刷业格局,使得在明代开始兴盛至晚清的私刻传统逐渐凋敝,官书局也开始采纳新技术。这样,石印以强劲的扩张势头很快将传统木版印刷业挤到了边缘,加快了晚清木版画的衰落。以下三方面事实决定了两者的消长：文本复制，图像制作，工厂化规模生产。

1. 石印社在书籍影印方面逐渐取代民间书坊

晚清的民间书坊非常普遍，主要集中在北京和苏州，印制满足民间大量需求的读物。又由于清政府的文化和教育政策，从耕读到出仕仍是普通知识阶层实现个人理想的唯一渠道。因而，各类与科举考试相关的书籍，如《康熙字典》《四书备旨》等需求量相当大，也成为民间书坊的主要出版内容。

对于这类需求量大，同时又不需要在印刷品质上有特别高要求的工具书，新的石印技术存在优势。

我们知道，最初传教士将石印术介绍到中国纯粹是出于对石印技术在便捷性和低成本方面优势的实用主义考虑[1]。最初的石印技术多运用于相对狭窄的传教领域，偶尔印刷少量的由教会出版的中文书籍和单薄的中西文月刊，且尚不具备批量生产高品质文字书籍的能力。因而，此时的石印术尚未真正威胁到传统雕版印刷。

但当精明的商人开始涉足这一领域，情况就发生了变化。英国商人安纳斯特·美查（Ernest Major）的点石斋石印书局成立不久就印制了一批《圣谕详解》（而这可能是最早的古籍石印本）[2]。可见他很早就把目标锁定在"士子必备"书籍这个巨大市场。有关美查这次最初尝试的市场收益并没有找到详细记录，但几年之后，他采用新的照相石印技术[3]再次印制出版《康熙字典》则无疑取得了巨大的商业成功[4]。这次尝试所获的丰厚收益吸引了后起者纷纷效仿，使石印、影印"士子必备"

---

① 见张静庐辑注的《中国近代出版史料二编》（上海书店出版社，2003，第 356 页）："金属活字初行之时，既多困难，于是西人更以石印之术来。"

② 李培文著：《石印与石印本》，《图书馆论坛》1998 年第 2 期，第 78 页。

③ 见张树栋、庞多益、郑如斯等编著的《中华印刷通史》（印刷工业出版社，1999，近代篇，第十三章　第二节　一、石版印刷术的传入和发展）："照相石印是制版照相术应用于石版印刷之产物。为奥司旁（Osborne）发明于 1859 年。"

单色照相石印书在西方运用到生产领域后不久就被介绍到中国：申报馆的黄协埙曾在他的《淞南梦影录》（1883 年）中对这一技术的神奇有所描述："石印书籍，用西国石板，磨平如镜，以电镜映像之法，摄字迹于石上，然后傅以胶水，刷以油墨，千百万页之书不难竟日而就，细若牛毛，明如犀角。"

《格致汇编》早年（1876—1878，1880—1882）在申报馆印制时，其中已有不少插图是在英国照相石印的，见王扬宗著的《傅兰雅与近代中国的科学启蒙》（科学出版社，2000，第 96 - 97 页），以及韩琦、王扬宗著的《石印术的传入与兴衰》（中国书籍出版社，1993，第 361 - 362 页）。1892 年的《格致汇编》更是专门著文《石印新法》对其进行了详细介绍。此后这一技术大量运用于石印书籍。

④ 见姚公鹤著的《上海闲话》（上海古籍出版社，1989，第 12 页）："第一批印四万部，不数月而售罄；第二批印六万部，适某科举子北上会试，道出沪上，每名率购备五六部以作自用及赠友之需，故又不数月而售罄。"

科举书籍一时成为出版潮流,此后更有专门针对科举考生设计的各类缩印本应试工具书出版,充分发挥了石印技术的优势①。这样,在科举考试制度存在的最后十年里,市场上出现了各种不同版本、不同尺寸的石印本《佩文韵府》《骈字类编》《康熙字典》等应试书籍。石印术几乎完全占领了这一市场。

随着石印技术的日益完备,石印书局进一步将出版范围扩大至更宽泛的经典领域,如同文书局对鸿篇巨制《古今图书集成》《二十四史》等的影印和缩印。这些石印古籍虽然不及铅活字印刷精良,但在生产周期和成本投入上具有显著优势,而且售价相对低廉,受到普通民众的欢迎,极大地促进了传统文化在民众中的普及和推广,并使之在民间得以延续。

在 19 世纪末,随着科举类书籍这一巨大的市场份额被新兴的石印社占领,使用传统雕版印刷技术的民间书坊自此一蹶不振。而石印术在印制经、史、子、集、小说等其他书籍方面的技术优势和价格优势,以及几年内积累起来的消费群体的认可度也早已使其可与官办及私家书坊相抗衡。

2. 石印术在图像制作上具明显优势

1) 石印在图像复制方面优于雕版印刷

石印的另一个优势体现在图像的表现和复制上。关于这一点,我们需要先明确一下中国人对于版画复制功能的重视。

西方艺术家较早地介入了版画制作领域,因而西方版画在很早就成为一门独立的艺术科目。在艺术家有意识的参与过程中,版画技术不断完善,每次新的技术突破又都很快被应用于艺术创作领域。

在中国版画发展史上,艺术家直接参与创作的情况虽然也有,但主要表现为与刻工的合作,也就是说艺术家通常并不直接动手操刀制作。在具体制作过程中,画师和刻工会交换意见,为尊重彼此的技术特性而对作品面貌加以调整。比如陈老莲与黄建中等晚明著名刻工的成功合作而成就的《九歌图》《水浒叶子》《博古叶子》等,还有清初由焦秉贞绘图,朱圭、梅玉凤镌刻的《耕织图》等。优秀的木版画作品

---

① 见张静庐辑注的《中国近代出版史料二编》(上海书店出版社,2003,第 356 页):"以其法翻印古本书籍比较原形不爽毫厘,书版尺寸,又可随意缩小,蝇头小楷,笔画判然。于时科举未废,故所印书籍大抵细行密字,用便场屋舟车只用。"

或技术高超的工匠在中国美术史上确实占有一席之地。但是，在中国的传统观念中，木刻版画仍只是被当作是对纸本绘画的复制，是纸本绘画的追随者。

虽然经由手绘到雕版的两种工艺转换，最后完成的作品多少还是显露出木刻味（这是指那种希望减少木刻痕迹的情况）。但这种有别于纸本绘画的木刻韵味是被限定在一个有限范围内的，似乎并没有鼓励在此基础上的进一步发挥。另外，有部分民间版画由于技术的限制，又恰恰呈现出蕴藏于粗陋中的别具情趣的"拙"或"俗"味儿，但这也是后来文人、艺术家从特定角度所赋予的艺术价值，而不能归为创作的自觉。

因而虽然雕版画在中国发展历史悠久，但并没有像西方那样形成强大的独立的美学系统，可坚守其他美术品种无可替代的地位。这样，对于传统雕版画作品优劣的评判标准主要在于其复制的精确度和对纸本绘画韵味的还原度，另外就是对工艺考究度的衡量；又由于没有太多基于该特定工艺的美学桎梏，对于新旧技术的取舍也会相对轻率，生产成本和制作效率就成为主要的考虑因素。

在这样的功能主义诉求下，新进的石印术因其强大的图像复制能力，自然很快将木刻取而代之。特别是当照相石印术出现后，大量古籍、字画通过拍摄、制版，就能得以还原，且效果"毫厘不爽""与原作无异"，甚至可以随意缩放，其优势更显著。此时，大量古代字画被影印，如点石斋书局的《耕织图》（1878 年），鸿文书局的《芥子园画谱》（1887 年），扫叶山房的王羲之《草诀百韵歌》（1887 年）等。影印无须重新刻版，可以随意改变尺寸，排版灵活度大，大型书画珍品经过影印，成为可轻易获得的便携的册页图书，原先深藏内府的碑帖、古画等得以在民间普及。

由此，石印技术因其图像复制优势挤占了原先木刻画的市场份额。

2）石印图像的优越性

传统雕版印刷从图稿到最后的作品之间需要经过数道不同工艺，制作周期长，并且强调不同工种的分工配合，如果刻工技术低劣，或与画师缺乏沟通，最后的作品可能会面目全非。因而在木版画生产过程中，画家对最后作品的效果以及作品的时效性缺乏控制，难以将创作观念贯彻始终，而复杂的工序和较长的制作周期也限制了雕版画的表现方式和应用领域。

相对而言，石印更具手绘性，成品的面貌更接近绘画。同时，画家参与度高，制作周期短,能更完整地保留画师的设计初衷和记录其即时想法。所以,这种新技术被有效地应用到了强调时效性的时事画上,并很快与19世纪末已经在中国流行起来的报纸杂志相结合,产生了画报这种图文并茂的刊物。

石印的快捷与新闻纸的要求相符合,两者结合,图文并茂,健全了纸质新闻系统。图像使新闻更好读,而新闻纸的广泛散布使得石印图像被广泛接受。石印画家更个人化的语言新颖活泼,其对时事生活的及时记录令画面内容更贴近生活,也更具现实意义。石印新闻画成为一种流行的印刷图像,其更新频繁,内容丰富,形式活泼,品种繁多,数量庞大,充斥了都市人的生活,并在民众中逐步建构起了新的读图习惯和读图需求。

时事新闻画的迅速发展使石印技术被广泛认可,并通过石印术在商业领域的拓展应用,进一步衍生出海报、招贴、广告、产品包装等新的石印图像产品。这些新的图像适应新兴商业社会的需求,并成为都市商业活动的重要组成部分。而原先在民间流行的木版年画之类的传统装饰画也开始受到石印影响,在图像形式和表现内容上向后者看齐(见图3-2、图3-3)①。到了20世纪初,印制精美、内容时尚、造型逼真的月份牌等新型石印装饰画在城市中逐渐流行,更是在很大程度上取代了原先的年画等木刻装饰画,被都市人用以新式居家装饰。

画报以及石印新闻画的出现对清末早已衰败的绣像小说,或以粗陋的木刻画装饰的报刊来说是一个极大的冲击(见图3-4)。木版年画则直接受到影响,向石印画靠拢。石印技术自身的进一步发展更是拓展出多样化的新领域,使石印画与都市生活紧密结合,成为商业社会必不可少的组成部分。而与之相比,传统木刻画无论是形式、内容、制作周期还是适应面上,都无法与现代城市生活节奏相匹配。这样,在充满活力的新石印画的冲击下,晚清本已衰退的传统木刻版画更显老旧,颓势无可挽回。

---

① 如上海的小校场年画。19世纪60年代,小校场年画受到苏州桃花坞影响,但很快就发展出自己的特色,表现上海这个开埠口岸特有的华洋杂陈、欣欣向荣的都市景观。特别是19世纪末20世纪初,以石印新闻画著称的著名画家吴友如、钱慧安、周慕桥等不同程度参与到小校场年画的创作,将小校场年画的艺术水准拔高到接近文人画的层次,画面细腻、丰富,场面复杂,内容新颖、入时,颇有石印新闻画的风貌,也更符合城市居民的审美需求,使得小校场年画在当时的年画界独树一帜。而此时日渐衰微的苏州桃花坞年画反而开始借鉴小校场年画,许多署名桃花坞的年画被证实出自小校场,或者是抄袭小校场。足见这一"海派"年画影响之巨。

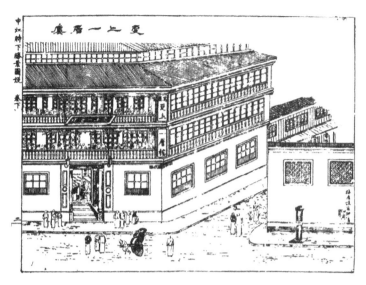

图3-2　石印画《更上一层楼》

图3-3　年画《更上一层楼》

图3-4 《红楼梦》聚珍堂木活字本

3. 石印书局机器化生产规模使传统书坊相形见绌

1）石印的工业化生产速度和规模相对雕版作坊有显著优势

清代的民间书坊较之前代有所发展,其经营方式和管理方式已经呈现一定的现代商业特点。有些书坊除了刻印本书坊选定的书籍外,还承接外来业务;各书坊和刻字铺还经常分工协作完成规模较大的印书项目;有些规模较大的书坊已经突破了手工作坊的小本经营模式,带有早期资本主义工厂生产特征。这些书坊出版的书籍包括经、史、文集外还有大量民间娱乐读物,基本以雕版辅助的木活字技术印刷而成。普通民众的文化教养资源基本仰赖这些民间书坊的生产和经营。但由于传统工艺和经营思路的限制,这些书坊的产品种类相对狭窄,生产数量仍然有限。

直到新式石印机被运用到商业出版所,情形才真正发生变化。初期的石印机运转笨重,即便如美查引进的当时最先进的轮转石印机,也并不甚理想[1]。但即便

---

[1] 见张静庐辑注的《中国近代出版史料初编》(上海书店出版社,2003,第272页):"惟其转动则以人力手摇,每架八人,分作二班,轮流摇机。一人添纸,二人收纸,手续麻烦,出于意料。而其出数,每小时仅得数百张。"

如此,点石斋书局使用这样的石印机印制的《康熙字典》仍然在行销数量上取得惊人的成功,数量共计 10 万部,达到当时之最,这样的生产规模是传统民间书坊所望尘莫及的。并且,初期笨重的机器具有巨大的改良和发展空间,这是少有改良空间的传统手工作坊所不具备的。

石印技术获得的巨大利润吸引了资本,资本的注入又扩大了书局规模,比如广东人徐鸿复、徐润等于 1881 年投资创建的同文书局,"购备石印机十二架,雇佣职工五百名[①]",规模远超点石斋,为当时规模最大的石印书局。等到 1889 年至光绪末年,石印技术充分发展起来时,仅上海一地就有大小石印书局不下八十家。在这种愈演愈烈的商业竞争下,原先的书坊只有改变经营,适当地放弃雕版印刷而采纳新技术才不至于被淘汰。如在明代就已开设的苏州扫叶山房后来就采用铅印和石印技术与雕版印刷相结合,从而得以在激烈的竞争中立足。

2) 石印是现代印刷工业的有机组成,传统雕版作坊无法纳入现代印刷工业系统

在西方,石印技术在出现后不久就与其他印刷术相配合,以其技术特点运用于特定的出版对象。这也决定了石印技术在中国也不会停留在孤立运作阶段,而是很快地与其他同时期进入中国的西方新印刷技术相结合,成为大规模综合性印刷机构的有机组成。而传统的雕版印刷书坊则无法有效融入现代印刷工业体系。

在雕版书坊时代,刻工的手艺是生产系统的核心,次要的工作可以分配给经过简单训练的帮手,非常像家庭式的手工作坊。但进入到现代印刷工业时代,机器成为核心,人的作用退居其次。石印机、排字机等需要专门的技术工人操作和维护,而这些技术工人是为适应机器的运作而受到专门培训的;安置机器和从事整个生产活动也需要巨大的空间。这些都是机器大生产时代的显著特征。

石印机以及使用石印机进行印刷生产是中国步入现代印刷工业的标志。随着传教士们把包括石印机在内的新的印刷机带到中国,与新式机器相伴而生的现代工业概念也输入了中国,一批新的印刷工人和印刷厂经营人员被培养了出来。轰

---

① 张静庐辑注:《中国近代出版史料二编》,上海书店出版社,2003,第 357 页。

鸣的大型现代印刷机以及训练有素的印刷产业工人群体的出现将旧有的雕版作坊生产模式排除在了工业文明以外。

这样，当 19 世纪下半叶，石印术充分发展起来后，传统的雕版印刷便迅速衰萎了。

三、石版印刷术传入中国的过程

（一）外国传教士为宣传需要带入中国

无论是西欧还是中国，宗教的繁荣促进了印刷术最初的发展。随后，印刷术被运用到各个领域，加快了知识的传播，推进了文明的进程。有意思的是，在近代中国，石版印刷术的推广与宗教再次发生紧密联系。

石印术传入中国与当时传教士的传教活动有密切关系。传教必须借助纸质宣传品的广泛散播来扩大影响，吸引教众，对于早期的传教士来说，铸造一套汉字铅活字成本高昂，而华人地区流行的传统雕版印刷对于印制各类临时的小册子来说也有缺陷，可参见苏格兰传教士米怜对这两种印刷技术的优缺点所做的详尽比较[1]。由于石印术廉价、快捷、操作简便，"（石印）可按需印制各种大小的书籍；小的布道册子可在很短的时间内印成，很省时；小的布道点，若缺少人手，传教士一人就能操作，费用省；便于印刷各种文字[2]"。更重要的是相对于字符结构的西方文字，图形结构的中国文字在当时更适合用石印技术复制，所以很快受到当时人员、经费均不足的来华传教士的青睐，用以印刷简单的布道小册子以及非正规的临时宣传物。

19 世纪上半叶中国处在"禁教"时期，清政府禁止传教士在中国公开传教，也不允许在中国境内印刷宗教宣传物，因而石印技术在中国的早期传播并不顺利。来华传教士大多把印刷所设在东南亚的华人聚居地，以南洋为基地向澳门、广州等

---

[1] ［美］周绍明（Joseph P. McDermott）著，何朝晖译：《书籍的社会史》，北京大学出版社，2009；第一章 1000—1800年间中国印刷书籍的生产 米怜的记述。

[2] 韩琦著：《晚清西方印刷术在中国的早期传播——以石印术的传入为例》，载韩琦、［意］米盖拉编《中国和欧洲·印刷书与书籍史》，商务印书馆，2008，第 117 页。

地区逐步渗透。先后建立的马六甲印刷所、新加坡印刷所、巴达维亚印刷所,成为1842 年以前传教士在南洋建立的三大印刷基地,这些印刷所部分采用了石印技术。当时的石印术在西方也还是个新兴事物,只是传统印刷技术的补充,因而像其他欧洲印刷所一样,这些南洋印刷所也是综合了包括雕版、活字、铜版、石印等多种印刷术来印制不同对象,后经成本核算,才逐渐以石印为主。所印石印刊物多为相对简陋的教会读物,偶有西方书籍的汉译本,以及配合宗教宣传的早期中文石印书刊。如出版于巴达维亚印刷所的《东西史记合编》(1828/1829)便被认为是最早的中文石印书籍①。这些早期石印出版物的品质多不及传统方式印刷的正规书籍,但其成本低廉,印制方便,生产周期短,符合宣传性活动的需求,所以被大量印刷,成为传教活动的重要辅助工具。

这些石印小册子在南洋印成后,多由传教士携带入关,或每年广东省府乡试时,批量地随着宗教书籍分送到广东②。石版印刷术最早便是以这样的形式流入中国的。

(二) 从边境到口岸——石印术在中国的传播

鸦片战争前夕,清廷有关传教政策稍有松动,一些嗅觉敏锐的传教士便及时把握机会将石印印刷所开设到了中国境内。1832 年,曾主持巴达维亚印刷所的麦都思最先在中国澳门开设了一个石印所,接下去两年又在广州先后开设了两个石印所,用来印制布告等宣传物和零星书籍③。在此期间他还培训了中国最早的石印工人④。此外,还有一些外国人携带简单的石印工具进入中国从事小范围的少量印刷活动。这时期的石版印刷物基本仍为教会读物。

这样的观望和试探状态一直持续到鸦片战争爆发,此后,中国石印业才进入到正规发展阶段。中国门户洞开后,早已拥滞在边境线外多时的外国印刷所纷纷涌进开放口岸上海。麦都思仍然一马当先,他是第一位将石印术介绍到上海的西方

---

① 苏新平主编:《版画技法(下)》,北京大学出版社,2008,第 295 页。
② 陈力丹著:《世界新闻传播史》,上海交通大学出版社,2007,第 283 页。
③ 韩琦著:《晚清西方印刷术在中国的早期传播——以石印术的传入为例》,载韩琦、[意]米盖拉编《中国和欧洲·印刷书与书籍史》,商务印书馆,2008,第 116 页。
④ 苏新平主编:《版画技法(下)》,北京大学出版社,2008,第 295 页。

人，1846 年，他首先在自家的上海墨海书馆采用石印技术①，印刷出版中文译本《耶稣降世传》《马太传福音注》等正规宗教读物。此后，沪上的其他印刷机构也纷纷仿效，陆续添置石印机，一些教会开设的技术学校也设立石印印刷部印制石印小抄，并在印刷课程中增添石印内容，为以后的石印书局培养了大量技师②。石印术开始在上海迅速传播，但由于早年与传教活动的特殊联系，使石印的真正优势和潜在的市场被人们忽略，在相当长的一段时间里，石印出版物的种类仍然局限在宗教读物上。

直到 1870 年代，情况才有所变化。1874 年，申报馆主人美查成立点石斋书局，专门从事石版印刷，此为上海最早的真正意义上的商业石印书局。美查非宗教人士，眼界开阔又具有商业敏感性，他主持的点石斋书局扎根中国土壤，充分开发了石印的功能，在利用这一新兴的技术为自己创造巨大利润的同时，也为石印术在中国的全面发展做出了贡献。书局首先采用照相石印术，影印和缩印了一批古籍。其中的《圣谕详解》可能是最早的古籍石印本③，而最成功的要数销至 10 万部的《康熙字典》。除此类"士子必备"书籍，最能体现石印优势的是对一批内府图集的石版影印，如《历代名媛图》《耕织图》（见图 3 - 5）等，使得普通民众也有幸能欣赏到这类稀有读本。此后，大众化的读物如戏曲、小说也被大量复制发售，书籍变得更为普及。石印术的获益人群从少数基督教众扩大到了普通民众。当然，点石斋书局的最大贡献在于石印画报的刊印，取得巨大成功的《点石斋画报》④（1884—1898）的出现无论在清末民初的印刷界、新闻界还是绘画界都具有重要意义。石印画报在传统图像模式、图像观看和图像传播的现代化转变上起到关键作用，具有重大研究价值。通过石印技术创作的画报图像，我们可以看到该技术对图像的作用和影响，显示了石印在纯粹印刷领域以外的美学上的贡献。这点我们将在后文中重点讨论。

---

① 韩琦著：《晚清西方印刷术在中国的早期传播——以石印术的传入为例》，载韩琦、[意]米盖拉编《中国和欧洲·印刷书与书籍史》，商务印书馆，2008，第 117 页。
② 苏新平主编：《版画技法（下）》，北京大学出版社，2008，第 296 页。
③ 李培文著：《石印与石印本》，《图书馆论坛》1998 年第 2 期，第 78 页。
④ 光绪十年（1884 年）创刊，光绪二十四年（1898 年）停刊，共发表了四千余幅作品。

图 3-5 《耕织图》,清光绪二十年(1894 年),石印本

(三) 石印术的强势发展——国人建立石印印刷所

点石斋书局的巨大成功引起了国内实业家的注意,从 19 世纪 80 年代起,国人开始自办石印书局,成为外国石印所强有力的竞争对手。著名的有 1882 年由徐鸿复、徐润投资创办的同文书局。此外,1887 年由著名藏书家李盛铎创办的蜚英馆也颇为成功。这些石印馆的石版和机器多采办自国外,但主创人员和工人技师都是中国人,出版思路也更中国化,多利用石印术便捷的影印功能翻印古书,包括典籍、类书、碑帖、传奇小说等。最有代表性的是 1890—1894 年历时三年完成的同文版《古今图书集成》,据清雍正年铜活字殿版原式翻印百部,每部 5 020 册。这种官方投资、规模宏大的印刷任务自然是西人印刷所不可企及的。到 1889 年,上海的石印书局虽仍只有四五家,但印刷书籍销行全国,供不应求。

看到印书能获巨利,人们纷起效仿。到了光绪末年,上海的石印书局一下子扩展到不下八十家[①],著名的包括鸿宝斋、竹简斋、史学斋、焕实斋、五洲同文书局、积

---

① 张秀民著,韩琦增订:《中国印刷史》,浙江古籍出版社,2006,第 466 - 467 页。

山书局、鸿文书局、会文堂、文瑞楼、扫叶山房等。随后,北京、天津、广州、杭州、武昌、苏州、宁波等地也陆续开设了石印局。19世纪末,上海的富文阁、藻文书局、宏文书局等部分书局开始采用五彩石印,使仿印字画的效果更出色。

跨世纪的这前后二十年,中国的石印出版也达到鼎盛。光绪末年,在维新派的大力倡导下,出现了一大批介绍西方政治思想、科学技术的石印书籍,成为当时石印书籍的新宠。民国初年,又出现了影印珍本古籍的热潮,对古籍善本的保护、整理和推广起到积极作用。这些可说是清末民初国人对石印术在印刷复制领域的积极利用,也是人们最为普遍赞誉的石印术在中国印刷事业和古籍保护中的贡献。

上述粗略勾画了石印技术在中国的传播和发展过程。新技术带来的速度和质量的提升令人欣喜,其取得的卓越成就已获得公允的评价。但本书的重点并不在石印术的影印和复制功能,而是在于石印技术在图像制作和呈现方面的特征及其影响。在这里,笔者所感兴趣和希望进一步分析的是物质领域的技术与精神领域的趣味和审美之间的某种联系。这是两种层面事物相互转换的微妙节点,将会牵扯出很多有趣的发现和研究命题。下文将在这方面做初步探索。

第四章

清末民初中国石印图像的特点

儿童大多最爱看的是连环画,线条、明暗和色彩组合成形形色色的形象,形象讲述着故事,启示着道理,延展了对文字的想象,同时令人获得视觉上的满足。这样的经验来自孩提时代,并一直延续到成年,造成人们对图像格外敏感,至今当文字和图像同时出现的时候笔者总是会最先辨认出图形和色彩。儿童对新事物的接受最先来自图像,而不是抽象的文字。同样,对于清末民初国门初开的广大中国民众而言,其对于外面世界的见识也如同孩童,在系统严谨地介绍新学的文章出现前,早期的石印图像扮演着重要的开愚角色,对于文盲、半文盲人口占多数的清末社会步入现代文明起到积极的启蒙作用。

另外,随着石印术的使用和推广,石印画最终脱离了对文字的依附而形成一套独立的图像系统,传达特有的视觉信息。图像在社会生活中开始扮演重要角色,成为公共社会各类信息有效交流和传播的媒介,读图成为新型都市生活的组成部分,图像诱惑成为商业系统运作的重要组成环节。

因而,就晚清石印图像的特点来讲,我们首先要探讨的是基于石版印刷技术产生的印刷图像的变化:传统的、线描的、象征性的图像发展为更为西式的、塑造的、叙事性的图像;相对单一地对程式的继承由多样化的借鉴和尝试所替代。本章将选取当时的几类典型石印图像刊物为例,通过对图像的分析,来厘清其样式的传承、发展和特征,以及对民众观看习惯和生活经验的影响。

画报是当时最主要的石印画形式,展现了晚清石印图像的典型特征:是多方面因素影响下的某种折中,也体现了这种特定的西式印刷工艺在中国的本土化适应。本章第一部分将画报图像与中国传统木版画相比较,考察雕版图像与石印图像的内在联系以及后者的变革因素。在多方面因素的促成下,早期石印图像形成了其特有的风格和形式语言。《点石斋画报》是早期石印图像的典型代表并体现了当时的最高水平,综合展现了印刷图像领域的新因素,所以,我们将主要以《点石斋画报》为例,对其图像进行分析。图像的变化也将影响到图和文的关系,以及图像在报纸杂志中的呈现形式和担任的角色任务,印刷品的编排和形制随着图像作用的加强而呈现现代化面貌,并作用于人们的阅读习惯。这将在第二部分中讨论。

石印画报包含了后来新闻画和叙事性图像的所有特征,展示了石印图像的多重表现力,使图像的应用范围和视觉影响力得到扩大。同时,由于石印画报广受民众喜爱,在商业上取得巨大成功,吸引了工业资本的持续注入,使石印图像大规模流行,也标志着图像时代的到来。随着石印技术的发展,图像应用范围的扩大以及摄影术的加盟等,"后画报时代"的石印图像发生了分化,涌现出了一系列新型图像,包括插图、漫画、装饰画、广告画等,特别是随着彩色石印技术成熟而开始流行的月份牌广告画。这些新型石印图像的内容和所呈现的样式从多角度反映了清末民初城市工商业的发展,同时也以其图像功能对清末民初市民阶层生活的方方面面发生着积极影响。

由于石印广告画涉及城市工商业,其形成因素和表现形态具有特殊性,对于其图像特点的讨论无法绕开商业文化,这部分我们将放在第五章介绍。

一、晚清石印图像的特点

虽然石印画报在整体面貌上仍与西方石印画产品相去甚远,而更接近雕版印刷的传统绣像小说,但仔细观察每一幅画面,可以发现在画报图像上存在许多微妙的变化和新因素,而这些变化正是石印技术对艺术表现形式的影响。中国造型艺术领域的平面图像由传统过渡到现代的过程中产生了一系列变革,而石印技术在其中起到了至关重要的作用。

晚清石印图像与中国传统木雕版画图像有差别。上文中已提到,石印是西洋印刷技术发展脉络中的重要环节,最初使用该技术制作的图像呈现出与西方之前的木版、铜版、蚀刻版画等的一致性,表现出传统艺术观念和形式上的延续性,属于西洋再现性艺术系统(见图3-2,图3-3)。在清末,石印术正是伴随着这种与之相适应的西式图像系统共同传入中国的,这是与中国艺术不同性质的造型系统。

晚清石印图像与西方石印画也有差别。这是在于其与中国木雕版画传统的某种折中。中国人向来是以中国特有的方式来接纳新事物的,西洋的石版画在传入中国后,即与中国既有的雕版画及纸本绘画传统相糅合,形成了一种独特的面貌。最终,这种晚清石印艺术不似中国传统木版画,也有别于西洋石印画。

中西结合的晚清石印画体现出了一种视觉图像的过渡色彩,即从程式化、概念化的图像向再现性、叙事性图像的转变。这种转变丰富了图像语言,解放了图像的表现力,开拓了图像的应用领域,强化了图像的视觉影响力。

视觉图像是由多种画面元素综合呈现的,是一个复杂的整体,但要分析图像,只能将原本糅杂在一起的元素分解开来,这个过程势必会在一定程度上损失整体面貌和各要素的关联性,但这也是理论分析本身不可避免的缺陷。在下文中将以盛期的石印画报为例,与传统木版画相比较,以便凸显晚清石印图像的新特质。这一部分将分别从构图法、画面组织关系、造型特点和表现手法等几个方面来分析晚清石印图像呈现的新因素,并考察图像变化与技术革新的关联,分析过程中尽可能地减少片段性和片面性,以便综合考量图像各组成部分的关系。

(一) 构图法则——从趣味到真实

构图是平面绘画创作的基础,是对画面的宏观设计。

传统木版画多采用中国画的经营法则来布局画面,空间感由文学化的"境"来表现,而并非基于视觉上的绝对真实。又因为没有特定视角的束缚,艺术家能够根据画面节奏较自由地布置对象,以追求一种疏密、虚实、节奏、装饰感等画面趣味。

石印画则以西洋透视法来主导规划画面,所有细节,包括人物活动都建立在某一"合理"的空间构架上,也因此,画中形象的存在和布局受到透视法则和视觉真实性的约束,画面力图表现的是一种来自真实自然的镜像。

1. 木版画的构图

木版画常常把视点安排得较高,这样便于在较开阔的空间中摆放各类对象,确保各对象能够"尽收眼底",并为画面进一步呈现平面装饰趣味创造了构图上的条件。由于空间的表现比较抽象和开放,时间的交代也相应地不受限制,观众在看图时往往可以感受到一种时间上的延续性,类似于舞台上的动态效果。画面上主体人物的活动,乃至活动的时间轨迹都能够清晰呈现,不受干扰①。虽然透视不合理,时空被打乱,但画面意图清晰坦率,故事叙述直白明确(见图4-1)。

图4-1 《水浒全传》"火烧翠云楼",19世纪中叶
(明末)杨定见本

---

① 见王伯敏著的《中国版画通史》(河北美术出版社,2002,第81页):"版画的构图特点之一,即在于画面不受任何视点所束缚,也不受时间的限制。如刘刻本《水浒全传》的'火烧翠云楼'、'怒杀西门庆'以及'承恩赐御宴'等诸图,巧妙地'经营'了'位置'……武松'怒杀西门庆',在同一画面上,写出了武松在狮子桥酒楼上怒杀西门庆,而在另一边上,又描写了紫石街武大的灵堂及楼上被武松留住的四邻,这是两个情景,但是作者却能抓住这是同一个情节所发展起来的两个环节的特点,就通过构图上的巧妙处理,把这两个场面有机地组织在一起,从而加强了情节的紧张和曲折。这种表现,也只有运用突破时空在画面局限这一艺术手法,才能达到这样"位置"的'经营'。"

在以写景为主的木版画中,构图程式完全遵循中国传统山水画。往往采用全景式构图,在局部追求真实,而在整体则追求齐全和完整。不求透视的合理性,但求意境的高远。特别是苏州和湖州地区的风景版画,采用山水画的"三远法"构图,人物小,空间大,手法细腻(见图4-2)。

图4-2 《琵琶记》,明天启年间吴兴凌氏刊朱墨套印本

木版画的这种远观或俯瞰的构图,所表现对象自在的完整时空性,使观者在欣赏这类作品时会产生"他者感",无法进入到画面,而总与画中世界保持一种心理上的距离感,而这一点是有别于再现性的现实主义艺术宗旨的。

2.石印画的构图

石印画则多采用平视,以较严格的透视法来处理画面,但早期的石印画为了避免与传统图式造成太大反差,在透视手法的运用上有所保留①。在表现宏大场面时,视平线也是安排在一个有节制的高度,以便产生相对真实的深远感和空间感

① 见董惠宁著的《《飞影阁画报》研究》《南京艺术学院学报》(美术与设计版)2011年第1期,理论与批评,第108-109页):"吴友如等为在横构图小尺寸的画面中表现大场面多人物,他采用削透视强度,有时用不太规范的西法线透视,并常常使之与界面中的透视结合,旨在既达到一定的深度感,又削弱因透视缩短造成前后物象尺寸的强烈对比。"

（见图4-3）。由于空间变得具体和带有指向性,在其中发生的事件也带有片段性,时空被凝固了,结合在一起反映的是真实生活中的一个真实的瞬间。视角更接近于日常习惯,观众在观看此类作品时会产生一种"参与感"。

图4-3 《点石斋画报》"盗马被获",光绪十年(1884年)

这里需要说明的一点是,西洋透视法在早些时候便已在中国出现,明清两朝随着传教士来华活动日益频繁并积极参与官方绘画创作,西洋绘画因素更多地出现在宫廷画作中。清初,焦秉贞、冷枚的《耕织图》便是基于西洋透视法画成的。可能是当时的这些宫廷画家受到传教士画家如郎世宁的指导,同时也经常能够接触到宫中所藏西洋绘画,因此开始以新的方式绘制图像。但真正使这种新的构图法流传民间的则是制作这些殿版版画的刻工。他们的版画作坊以师徒、同门相授的方式将这种西洋画法在坊间推广,并将之展示为可见的图像,在民间流通。与焦秉贞合作的朱圭便是来自江苏吴县(今已撤销)的著名刻工。按照当时工匠行业的一般做法,可以推知他的助手和学徒也多来自同一地区,这样,《耕织图》等殿版版画中体现出的新元素逐渐被苏州地区的其他刻工普遍接受并运用到该地区的民间版画创作中,这样的推断也是完全合理的。更能想象同时期的民间画师也开始模仿这种来自殿版版画的西式构图技巧,以追求新颖真实的效果。晚清的石印画家多与苏州有渊源,像赫赫有名的吴友如就来自苏州,在那样一个晚清商业版画中心成长,自小形成的图像记忆自然会影响其将来的创作。

此外,石印本身来自西方,最初与石印技术一起输入的便是用石印技术复制的西式图像,这些图像的流传使得"新颖"的构图在早些时候便已为人们所熟知。又因为最早的一批石印工人由推广石印技术的传教士所培养,可以想象他们应该接受了相对系统的西洋写实主义绘画的相关技术训练①(见图4-4),而这种技术学校使用的图像范本也应该是现成的西方石印画。这样,随着石印图像的迅速推广,西式的空间和透视概念在晚清逐渐深入人心。

图4-4 土山湾绘画部学院的铅笔素描练习
(资料来源:土山湾博物馆)

(二) 画面组织——从分离到整合

画面元素的组织安排和构图原则其实是密切相关的两个方面:不同的构图方法决定了不同的画面组织形式,而对画面最终效果的预想也决定了画家对某一类构图方法的取舍。

以情节性绘画为例,这类作品往往内容较丰富,画面综合了人物、环境、道具等

---

① 见苏新平主编的《版画技法(下)》(北京大学出版社,2008,第296页):"……点石斋书局聘请的印刷技师基本都是土山湾印书馆的技术人员……"
　见冯志浩著的《土山湾与职业教育》(载宋浩杰主编《土山湾记忆》,学林出版社,2010,第103页):"……等两年初步训练后,管理修士根据各学生的天赋才能和兴趣爱好,分派至各工场,学习专门技艺。土山湾孤儿工艺院设立的手工工场,共分五大部,即木器部、图画部、印刷部、发行部和铜器部……当孤儿们学成之后,他们走上社会自行选择职业,职业教育终告完成……"
　所以,土山湾的印刷职业教育为当时上海的其他石印书坊输送了大量技术工人,可谓贡献巨大。

多种元素以交代故事发展或特定情节。有关这方面,典型的明清小说戏曲插图与石印时事画具有一定可比性,两者对于不同要素在画面中的比重安排和具体关系呈现体现了两类图像的差异。

中国传统木刻画中人物与环境的关系相对松散,互为客体;人物往往是画面主体,被加以突出,而场景描写则经常是概念性、象征性的。这种特点突出表现在当时的金陵派版画中。

石印画则更注重环境与人物的相互交融,以整合出一种气氛或情境。画中环境描绘的地位变得重要。

1. 木刻画的画面组织

木刻画中的场面描绘往往是舞台化的,所画背景就像展开情节的舞台或是烘托主体的装饰。关于这一点,著名美术理论家王伯敏先生就明代版画有精彩的阐述:"(木刻版画)对于画面上的组织,如对待舞台场面那样处理……对画面上各种景物,绘雕特别精致华丽……其目的都是为了既突出人物又丰富画面"①。王伯敏还有一段具体分析颇具说服力:"《拜月亭》中的世隆与瑞兰自叙二图,不论是背景或对空间的处理,都如舞台场面,就连人物的手势也都采自舞台上的动作……""从人物的距离与空间的深度来看,这也显得与舞台场面那样。人物靠得很近,户内户外往往只是一指之隔,如金陵富春堂版《绨袍记》,丈夫窥妻祝香,仅一指之隔,而且无一物相遮(石在人物后面)。即使是写户外景色,一山之隔,人物大小都还是一样……""每幅插图,人物大小都占画幅之半,背景道具,只是陈设而已……""书室、闺房或厅堂,都作剖图式……首先把人物交代清楚,环境只是作陪衬,对厅堂的屏风、家具,或城墙、旗帜等等,为了不让它'遮住'人物,可以像现在拍电影、电视那样使之任意移动。这种巧妙的艺术手法,当时比比皆是……用这样的手法所作的插图……都表现出处处为'主体让路'。这是明代木刻插图独特的风格,也是中国在戏曲盛行之际,涌现出来的一种木刻插图的艺术形式(见图4-5、图4-6)。"②这类作品中,道具交代环境,环境衬托人物,人物是主体。人物的德行、性格、行为、故事才是小说的主线,也是图像注解的重点。相对来讲,环境或背景是辅助性的,在表现形式上是说明性和

① 王伯敏著:《中国版画通史》,河北美术出版社,2002,第81-85页。
② 同上,第82-83页。

装饰性的,并非描述性的,因而并不刻意追求视觉上的合理性(见图 4-7)。

在小说插图中也有单独表现人物的,此时环境氛围的营造和物品的布置更为概括,常常带有寓意性,用来辅助刻画人物性格特征。就像戏剧中人物以特定的装扮和姿态出场亮相,自报家门一样,简单、明确,带有标签性(见图 4-8)。

图 4-5 《绨袍记》,明万历年间金陵富春堂版　　图 4-6 《李十郎紫箫记》明代金陵派

图 4-7 《吴歈萃雅》,明万历四十四年(1616 年)刻本　　图 4-8 《水浒叶子》,陈洪绶绘,明末

也有专门表现故事发生发展背景的,此时以刻画环境为主。但这类作品中环境的作用也是烘托氛围,提示故事,寄托情愫或营造意境的。如王伯敏提到的一种"展开图"①,虽以写景为主,但目的是为人物铺陈背景,用以叙述故事;也有一说,与此观点不同,指这种"展开图"或是为配合书版图文格式所做②。不过同样,这一说法也表明这种"展开图"并非作者刻意重点表现的对象(见图4-9)。

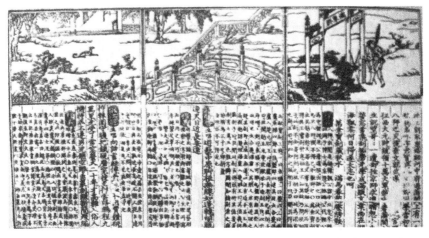

图4-9 《新刊大字魁本全相参增奇妙注释西厢记》,明弘治十一年(1498年),京师金台岳家刊本

所以,木版画中往往环境归环境,人物归人物,没有更深层次的交叉,人与环境的关系就像演员与舞台背景的关系,单纯而明晰,背景起到交代大环境和辅助主体情节并在一定程度上营造气氛的作用,但与演员没有更细腻的互动。这样相对松散的画面组织形式并非意在"还原"一个真实的场景,而是"说明"一个文学情节。

2. 石印画的画面组织

在石印画中,画面上的所有元素都被组织在一个相对严格的透视关系中,科学

————————————

① 王伯敏著:《中国版画通史》,河北美术出版社,2002,第82页。
② 见阿英著,王稼句整理的《中国连环图画史话》(山东画报出版社,2009,第116页):"每题所画,不限于半面……下半文字内容占多大地位,图画也就占多大地位,长短完全是不统一的。这也说明了当时曲曲、小说连环图画,虽然有些连续性质很强,实际上仍是以文字为主,图画完全服从文字的需要。因此,作为连环图画来看,许多单幅就不一定有必要,甚至有许多可以删掉。而连续几个长幅也不是由于图画情节的必需,只是拉长亭园自然的背景,情节的重点往往还是画在一个单幅里。"

合理的透视法构图成为使画面元素发生关联的无形网络。这样,人物与环境是互动的、交织的,以至没有环境的参与,人物的活动就没有投射的对象,也就没有存在的意涵和解读的途径,人物与环境互相依托,彼此缺一不可。进一步来看,石印画中交代透视关系和决定观赏视角的空间场域在画面组成上的重要性明显增加,对于再现一个真实的情境起到关键作用,成为主导人物存在状态的不可或缺的因素。

在人物故事画中,人物由绝对的主体转变为主体的组成部分,成为与环境对等的画面元素,与环境共同还原客观存在的全貌。

在许多石印画中还可以明显感觉到画师对所绘人物生存环境的关注。作品中出现的事物不再是寓意性和象征性的替代物,也不再仅作为添加美感的装饰,而是依据真实对象的具体描绘,是还原性的。它们的出现使画面更世俗,更真实,也使人物变得丰满和可亲。

我们可以看到许多具体的例子。比如《点石斋画报》的“御用”画师吴友如的许多画作都通过透视法将空间引向画面深处,并通过门窗的设置,街道回廊的走向来暗示出空间的延展,增添空间的层次感(见图4-10上图)。这种层次感不但有横向铺展,还有纵向布局(见图4-10中图),这就已经比平面分层式的舞台更加丰富和真实。有时,还会通过一幅斜向贯穿画面的幕帘或斜向安插在画面中的屏风增加室内的景深,并增添私密性,观众在观画时有如在窥视内室中发生的事件,观看感受也相应发生微妙变化(见图4-10下图)。通过这些布局安排,人物的活动空间变得更可信。

有了环境,自然要添加道具摆设才显得自然,所以,许多石印画中对室内陈设和室外配景的设计也尤为关注。须做到尽量精确真实,而不像传统版画那样“敷衍了事”“点到为止”(见图4-11)。这样,当时人们生活中出现的琳琅满目的事物几乎都可以在石印画中找到。

对环境和道具的特别关注也体现在人物图谱中,对提示人物身份的特定道具和环境刻画不再是概念性的,而是描述性的,并且加以细致入微的刻画。

在石印插图中,我们看到特定的环境提供人物生活化的活动空间,道具各得其所,增添环境的真实性和生活气息,人物置身其间,怡然自在,我们总能明确辨别出

图4-10 《飞影阁画报》,1890年创刊,吴友如

图4-11 《李卓吾先生批评水浒传》,明万历间,容舆堂刻本

每一个人物所处的位置和正在从事的活动。如图4-12中上图所示,我们知道门
外的人物和窗内身处内室的女子之间的真实距离,这与传统雕版中概念性的表现
完全不同,而如图4-12中下图所示,我们一目了然地看到门外的女子在梳洗,门
内的两名女子正端着木盆在倒水,从而能够轻易判断出门内外人物真的隔了一堵
墙和几步路的距离。而此前的戏曲小说插图中很少如此费笔墨地建构这种真
实感①。

---

① 见王伯敏有关金陵富春堂版《绨袍记》的描述。

图 4 - 12 《飞影阁画报》,吴友如

这样,我们可以大致推测出一位石印画家的作画思路和步骤:预先设计一个供人物活动的环境,再将人物和道具填入这个预设空间,为画面注入生气,各种元素交织互动,共同营造出一种真实的居家氛围。这类画面更容易让人联想到还原生活的电影场景,这样的场景是由空间、环境、人物、光线、道具、气氛共同营造的一个整体,而不是背景道具处处雷同,人物与环境各得其所,关系相对简单化的平面化的戏剧舞台效果。

(三) 艺术造型——从程式到写实

木版画多采用程式化的形象,造型依据传统中国画造型法则,即"以形写神",重在神似,"骨法用笔",以线造型。石印画的造型则更符合西方写实主义艺术的

"准确"原则。

木版画一直被当作对纸本绘画的复制,其制作就是用木版和刻刀来呈现中国毛笔在宣纸上留下的痕迹,并最大限度地诠释这些图像所蕴含的美学追求,从而将这种传统审美标准加以复制和传播。此外,刻工的技艺对于木刻画的优劣也至关重要,决定了对纸本绘画原作神韵保留的程度。也正因此,虽然木版画在中国已有上千年的历史,但并没有形成针对雕版工艺特性的特定的版画造型系统和美学原则。木版画的追求和纸本画相一致,一些优秀的木版画作品多是造型精炼、传神,符合形神兼备之古韵。

石版画是用特制的硬质工具在石面上直接绘制而成的,或是在纸上绘制再转印的。相比较在木版上用刻刀镌刻,石版画的制作更接近绘画;又不同于雕版工艺对刻工技术的依赖,石版画的工艺制作部分与艺术家的创作过程结合得更紧密,其成品的面貌与画稿更接近。艺术家在绘制画稿时不需要考虑太多由后期制版工艺带来的对设计的制约,比如线条的长短、粗细、间隔等,也不需要因照顾刻工的手艺和习惯以及木刻图像的形式规律而有意遵循传统规范。因而画面能够最大限度地展现艺术家个人的设计初衷以及创新尝试。

另外,无论最终结果如何,木版画模拟的是文人画家的审美趣味。石版画家的身份地位和知识结构则不同于文人画家,他们是一群介乎于画家和工匠之间的人群。他们的综合素养不及文人画家,但也正因此,他们没有太多传统包袱,创作更自由。他们熟悉里巷轶事,街头趣闻,对日常平民生活更富有观察力和切身感受,相比较注重通过塑造特定艺术形象探讨哲学或寄托人生理想的文人画,石印画的造型则更生活化、平民化,不受太多程式限制,有利于叙述故事,说明具体事件。

由于对造型没有过多教条限制,以及艺术家相对自由的创作状态和对最终成品结果的掌控,我们在石版画上往往会看到大胆的尝试和对西方造型体系的自由借鉴,有些图像直接参考挪用自外来报纸杂志。这样,石印画的造型更个人化,更多样,更带有实验性,也蕴含更大的可能性和发展空间。

1. 木版画的造型

中国画工具是锥形中国毛笔、宣纸、水墨,表现方式是墨色变化配合带有书法性的线条。这种特殊的表现手法传达的直觉真实是有限的,造型上强调的是"意象""以形写神",相比较模仿物象,创造"有意味的形式"显得更重要。在这样的特殊工具材料和审美习惯下形成了一种对形象相对概念化的记录和造型结构程式,这样的造型程式也应用于木刻版画。

如塑造人物时用"三庭五眼"来认识对象,重点表现五官和表情,讲究整体神韵而非细节的准确;在俯视的视角中,人物总显得头大身小;形象轮廓和结构姿态程式化、概念化,追求的是特定程式限定下的相对准确。表现方法主要是线条勾勒,线条的丰富运用能表现具体的物象,又赋予造型以特定的形式感,并能表现不同事物的质感、气度、神韵等;线条本身又带有抽象的质感,并能反映出作者本人的情感、气质、素养、功力等。在这样的造型原则指导下,木版画呈现的形象既以客观物象为依据,又与客观物象保持一定距离,在似与不似之间,在再现性表现与线条的趣味和节奏之间取得平衡。

木版画与中国传统绘画的关系也体现在一系列雕版图谱中,显示了木雕版画对中国传统绘画造型和笔意的诠释能力。人们通过图谱的形式将中国画的创作手法与美学原则进一步理论化、系统化和规范化,并加以推广。比如著名的《芥子园画谱》,其对清以后的艺术家有很大影响,许多画家在最初学画过程中都或多或少受惠于该图谱。学画者通过反复描摹画谱上的形象,达到熟能生巧的地步,最终将模式化的造型谙熟于心,习惯性地流露于笔端。

除此之外,需要补充一点的是,木版画既有阳春白雪的一面,又有乡土性的一面。木版画毕竟不同于纯粹的精英阶层的文人画,而属于流行于民间的大众艺术,其内容和形式也多多少少会借鉴或吸收一些其他民间艺术元素。而在人物造型、动态等方面就多有对戏曲艺术的参考(见图4-13)。这样,传统木版画在造型上除遵循文人画程式以外,又增加了一层相对活泼的民俗

图4-13　朱仙镇木版年画

艺术的程式,而后者又往往因其拙朴反而成为文人们追求的额外雅趣。这样,传统木雕版画形成了雅俗共存又遵守特定程式的图像造型体系。

2. 石印画的造型

来自西方的石印画承袭的是西方绘画传统,文艺复兴以来的求真原则贯穿始终,其"写实"概念就是真正地接近看到的东西,并通过所塑造艺术形象正确的比例,合理的结构,自然的动态等来实现这一原则,相应地也就需要运用一整套西式造型手段和表现技巧。其中,线条表现不再是唯一,而是将配合体积、明暗、色彩等造型手段综合地表现眼见的"真实"。

石印画进入中国的最初几年,新的图像与旧有的造型习惯产生碰撞,传统积淀而成的造型程式被打破,画面呈现出有趣的过渡色彩;之后,随着艺术家对新工具材料和表现技法的进一步掌握,石印画上呈现的西式图像进一步成熟,西式的审美心理、审美习惯成为主导。与此同时,对线条的纯美学追求逐渐减弱,线条的作用变得更单纯和功能化,真正成了写实造型语言体系的组成部分,其首要任务是准确客观地再现对象,而非刻意呈现线条本身的审美趣味。

由于石印画在当时的中国属于新兴画种,西洋造型体系也是一种外来的植入,所表现的内容又多为新兴事物,因而其内容与形式在本土都没有传统可循。早期的石印画家群体水平又参差不齐,优劣并存。在这种情况下,早期的石印艺术在中国基本是以一种草根文化的状态自发地生长,并且像传统民间版画那样自觉地从多方面汲取养分。晚清最流行的石印画是作为通俗读物的石印画报,它也像木版画一样流行于民间,并像木版画一样带有民间艺术的活力。

然而,石印画由于其纯粹的外来性,又不同于民间木版画,与多数中国传统艺术不同质,因而即便在吸收传统民间艺术元素时,在整体形式和趣味上也不受传统民俗艺术规范的过多制约,表现方式更自由。而对于另一个借鉴对象——外来图像,则更是大胆地采用"拿来主义"。因此,在早期的石印画中,往往会看到直接参考挪用的西式图式与中式趣味的民间艺术形象等多种元素的生硬组合。也正因这种没有过多约束的大胆试验,反而为早期石印画的造型增添了丰富的可能性,形成过渡时期晚清石印画的造型特征:程式化的中式造型和写实的西画造型并置,既有的传统造型法则与试验性的创造并存。以下这些例子可说明这种有趣的现象。

石印画多表现华洋杂居的开埠口岸的生存万象,画面上常常出现西洋人形象和西洋事物及环境场景。涉及此类内容的石印画往往会出现两类截然不同的画面表达:一种是品质相对较高的作品,画面关系完整,近乎平视的构图呈现出一个真实的空间感和适宜的视觉切入角度,相对较大的主体人物处于中景,环境、细节等的塑造为人物和故事情节营造一个相宜的氛围,画面各元素在这个氛围中相互配合制约,形成视觉上的整体,画面中线条和明暗的表现手法结合自然,形象塑造到位。此类作品应该不会是建立在出自本土的自觉的成熟造型体系基础上的,又由于与同时期其他石印作品画面趣味的差异显著,想必创作时有外来参考,很有可能是借鉴、挪用、拼凑外来图像的结果(见图4-14)。这种外来参考更多地出现在对新兴技术和西洋事物的个别介绍和局部表现上,如轮船、热气球、火车等,包括西洋人家的陈设、服饰,甚至洋人的一种模式化的举止和仪态等。这类图像在表现时基本采用的是西方的排线法和明暗塑造法,往往刻画得极其写实,有些甚至可以说手法老到(见图4-15至图4-18),应该多参考自国外报刊上的铜版画,也有来自

图4-14 《点石斋画报》,清光绪十年(1884年)创刊,马子明

摄像图片①。而如果缺乏现成参考,我们看到的就是这一时期更为常见的另一类的不成熟的画面。此类作品可能由于缺乏现成图样,又没有传统造型模式可套用,画者就只能依据想象和所掌握的生涩的"西洋写实"技能自己创造。画中出现的西洋人、事都塑造得不到位,形象呆板、笨拙,用笔表现缺乏形式美感(不仅少了传统韵味,也没有西洋绘画的真实美)。而相比较,同一画面中出现的中国人、事的塑造就显得有章可循,虽然常常也画得拙劣,但仍可以从中辨认出一种熟悉的,传统的符号化、程式化的造型因素。这类作品展示的是在新、旧、中、外造型系统融合之前的一段摸索和试验过程,如图 4-19 所示,画面中洋装者与传统服饰者两人同处一

图 4-15　见画面中精心刻画的西洋新事物(画中高亮突出部分)

---

①　见徐沛、周丹著的《早期中国画报的表征及其意义》(《文艺研究》2007 年 06 期,第 83 页);"《点石斋画报》于 1895 年(光绪十一年)在国内第一次比较系统地介绍了外国景观,共刊登外国图像 14 幅。根据图中的文字说明,全部图像均来源于留学生颜永京放映的'影戏'⑧。据考证,所谓的'影戏'不是后来的电影,而是用'西法轻养气隐戏灯'放映的一组幻灯片⑨。虽然'形形色色,一瞬万变不能遍记'⑩,但是《点石斋画报》的画师吴友如仍然凭借记忆把自己看到的部分摄影图像描绘出来。可以说,这是摄影技术介入中国画报的开始。"

图4-16 《英军攻占定海》，19世纪英国画家阿罗姆绘制的
　　　　铜版画

图4-17 《大批法军增援越北》，1884年法国画刊
　　　　"L'Illustration"刊载法国援军出发的图画，
　　　　19世纪英国画家阿罗姆绘制的铜版画

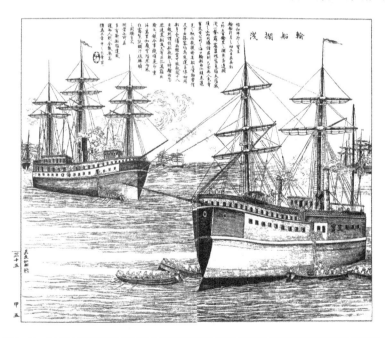

图4-18 《点石斋画报》(可以看到对外国轮船的描绘与同时期国外印刷出版的铜版画的相似性)

张画中,但表现方法截然不同,一个是通过排线来塑造明暗,另一个是用传统方式以线条勾勒,故画面表现手法显得不统一。

我们以《绣像小说》中的这张图为例略做一总结(见图4-20),这是石印画在过渡时期土洋结合的典型造型方法。姿态动作是中式的,衣纹细节处理是西式的;室内传统陈设是中式的、概念的,窗外景象是外来的;室内墙上的装饰画的题材和画法是中式的,窗外景致的画法是西式的。

图4-19 《绣像小说》,1903年5月创刊,"新　　图4-20 《绣像小说》,"新编小说文明小史"第四十
　　　　编小说文明小史"第四十七回　　　　　　　　九回

过渡状态在持续一段时间后,旧有的造型体系终于被新兴的西法造型所取代。到了后期,石印画中的人物渐渐变大,视角放低,接近平视,用更多明暗法表现,线条带有西式塑造感,中外人物画法一致,姿态生动,故事性强,国内外风景均统一用明暗法来表现。过渡时期的生硬感渐减少,画面表现手法更统一,工具材料运用熟练。

总结上述,我们可以在石印画的不同发展阶段看到这样一个造型方法的渐进变化:中国人、事用中法造型,西洋人、事也用中法造型,风格统一→画中的中国人、事用中国画法,西洋人、事用洋画法(过渡形态),风格不统一→全画用西法造型,风格再次统一。

晚清石印画展现的过渡色彩体现了中西两种造型体系在观念和技法上的碰撞与融合,最终导致传统雕版画语系的松散,造型语言从传统美学桎梏中获得解放,增加了视觉形象表现力,绘画造型变得更自由和丰富,能够承载更具现实意义的功能,使得以绘画表现新闻和时事成为可能。

(四)表现手法——从线条到明暗

石印画连同西洋造型,将西洋画法一并输入中国,并依托石印画的流行和普及,使之逐渐被中国民众接受,包括石印画在内的新式图像的表现手法与中式传统拉开了距离。

木版画的表现手法继承了中国传统工笔线描的线性特点,通过线条的疏密关系组织出平面型的、带装饰感的画面,产生一种微妙的节奏,形成独特的线性的视觉秩序;也有利用木印特点以粗放的黑白关系来表现,但视觉效果仍然是平面的。如屡屡被提及的《程氏竹谱》中的《雪竹》(见图4-21),只是这类作品很少,且作者

图4-21 《程氏竹谱》"雪竹",明万历三十六年(1608年)

采用这种黑白手法表现主要还是从平面装饰角度考虑的。另有一套《牧牛图》(见图4-22),也用到黑白效果,这里又是从说故事角度出发的,黑白效果带有寓意性①。所以此类黑白效果并非石印画所呈现出的素描层次。

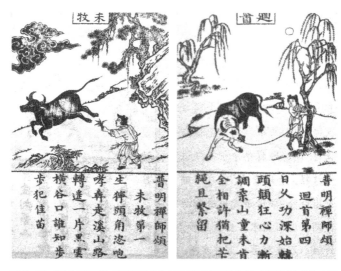

图4-22 《牧牛图》一卷,明万历三十七年(1609年)释袾宏刻,左图为"未牧",右图为"回首"

石印画则是塑造的,线条并不是唯一的表现手法。早期中国石印画虽然也以线条表达为主,但并不一味强调线条趣味,而是通过不同于传统的用线方法追求一种真实效果。比传统画面更强烈的线条疏密组织和极其精微的细节描绘使画面呈现出一种明暗秩序,产生一种塑造感,同时辅助以明暗色层来增加丰富性和层次感。

比如这件作品(见图4-23)就能说明问题。这幅画中竹帘的表现值得关注,这种细密透明的效果只有依托石印技术才能实现。这种处理令画面呈现一种素描上的灰调子,与画上浓郁的黑色和留白部分共同组成黑、白、灰调子。画面因而有了素描感,产生一种线性艺术与塑形艺术相结合的特殊效果,在视觉表达上更为多样化。这种素描的"调子感"可以在许多石印作品中看到,如图4-24所示,在缩小的

---

① 见阿英著,王稼句整理的《中国连环图画史话》(山东画报出版社,2009,第165页):"……以驯服野牛象征皈依佛法的全过程……初以阴刻黑牛突出野性,以后渐次驯服逐渐改为阳刻。"

图4-23 《点石斋画报》"高门盛赌",石印

图版中,效果更明显。在一些细节处理上也采用了明暗手法,比如画中桌椅的受光面与背光面,围栏的凹凸效果等,此类塑形的表现手法在丰富画面的同时也更大程度实现了对现实的还原。当然,在一些精致的木刻插图中也有极其细密的表现手法,如图4-25所示,但由于画面整体的线性特点,使这些局部效果也呈线性,整幅作品最终呈现的趣味仍然是种线条的疏密节奏。

图4-24 《飞影阁画报》,石印

此外,《点石斋画报》中有一些有趣的图像演变也同样说明了表现方法上从线条到明暗的变化:以建筑表现为例,早期的中式建筑都用线条表现,当然,这些线条已经不同于以往,而是力图通过排线方式来呈现明暗变化,而我们知道这种单一的线条排列并置在传统中国画中是并不可取的。中间有一个阶段的《点石斋画报》中,出现了一定数量的外国建筑,这些建筑中有一些只采用线条表现结构,不加强明暗,视觉上显现中式的平面装饰趣味。又有相当数量的外国建筑画则使用了更纯粹的西洋明暗法,与同一期画报中的中式插图并置,更能显现出两者的差异(见图4-26)。而随后,在更往后的画报中的一些中式木结构建筑也开始尝试使用了明暗和块面法来表现,在线条基础上,加皴明暗(见图4-27)。这些石印图式呈现的正是绘画表现技法从表达线条趣味到通过明暗塑造真实视效的过渡时期特点。在此阶段，一些图集或刊物上，时常会同时出现中国线描和西洋塑造两种表现手法，两相对照，更是凸显两者的差异和兼容的难度。到了 20 世纪初，随着石印画家对西洋塑造法的进一步掌握，过渡时期生涩的痕迹最终消失，画面呈现更纯熟的明暗塑造法，并最终替代了传统的线条表现（见图 4－28）。

　　由于艺术的表现手法与造型特点紧密关联，关于石印画从线条到明暗的变化在上面有关造型差异的一节已经谈到不少，这里就不展开细述了。

图 4－25　《牡丹亭·写真》，明天启，黄一凤刻本

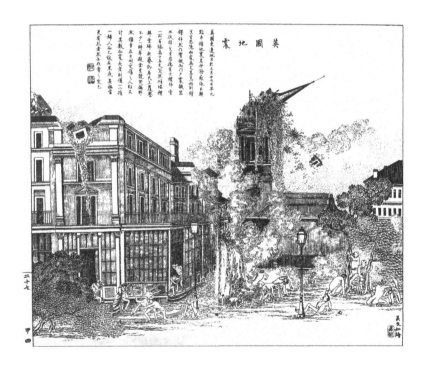

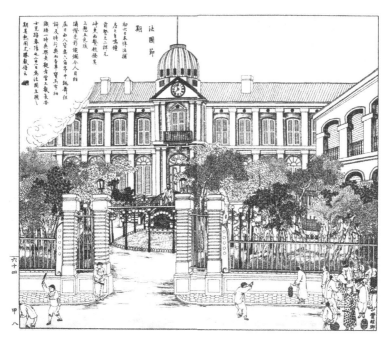

图4-26 《点石斋画报》,上图为"英国地震",下图为"法国节期"

图4-27 《点石斋画报》"官署被劫"

图 4-28 《图画日报》,1909 年 8 月 16 日创刊

(五) 图像背后——功能与技艺

以上是围绕画报和绣像小说讨论的晚清石版画与中国传统木版画的图像差异。图像的差异与图像的功能和制作技艺密切相关。以下我们分析一下两种不同的技艺是如何造成不同画面效果的。

1. 雕版工艺

中国传统木版画主要用以复制图像。作为一种专门的复制工艺,其技术发展大致基于两个原则:一是忠实地还原纸本绘画的神貌,二是对木刻画本身艺术特色的探索。两者共同促成了中国木雕版艺术的图像特点。

木刻本插图的要旨往往是对画稿的忠实还原,画稿所追求的也是刻本所追求的,中国木版画在风格趣味上与中国文人画十分相似。一方面,木印技法中为适应传统中国画对线条的讲究以及装饰趣味而发展起来的线性表现方式和刻印技艺在明清之际达到了顶峰;另一方面,同传统中国画一样,雕版画中对"境"的追求高于对现实的还原,并以此为画品之上乘。这样,形成了与重塑造、重明暗、重再现的西洋木刻版画完全不同的美学追求和造型体系,成就了与中国传统绘画一脉相承的版画传统。

当然,木版印刷包含工艺性,要想呈现最佳效果,在绘画图像转化为刻本插图时也需要尊重雕版和印刷的工具性能和制作工序,最大限度利用好木印的特殊艺术效果。中国木版印刷工艺在发展盛期出现了各具特色的地方风格,如建安、金陵、新安、武林诸派,产生了一批优秀的作品。有些作品中还呈现出雕版工艺所独有的“木刻味”,这种“木刻味”主要表现为一种带有金石味的线条和装饰趣味,偶尔也显露脱离线条而以黑白效果为主导的画面。但这种雕版工艺的自主性是有限的,并没有得到充分发展。

此外,雕版画的工艺流程决定了这种创作的集体性特点。除了少数精品木刻本是由著名画家直接参与创作的,多数情况下为木刻本绘稿的画师并非一流画家,但他们在作品形式和作品精神上则是追慕前代或同时代名家的,进而以自己的理解去表现并将之以木版画的形式复制播散到民间。作者的草根性决定了作品的民间性;至于有些被认为源自名家绘本的作品也往往几经转摹,早已原貌尽失,成为经几代人修订增补的一种民间集体创作;而转绘画稿以及刻版刊印等工艺流程更是民间工匠所为。画家为配合木刻转印调整画面,刻工则尽可能在刻本上还原纸本绘画的神貌。明末清初一系列精彩的小说戏曲插图多是由画家、雕刻家及印工通力合作的结果。这种集体创作的作品保持了每个时代通行的绘画风格和趣味追求,并且通过印刷工艺的复制功能,将这种风格和趣味通过不断重复,加以确立并在民间传播,形成固有的观念和“传统”趣味。

2. 石版工艺

同样是复制手段,石印在制作工艺和表现性能上都与木印不同,且在诸多方面有着传统雕版印刷无法比拟的优势①。

---

① 见韩琦、[意]米盖拉编的《中国和欧洲·印刷书与书籍史》(商务印书馆,2008,第117页):“1834年10月,《中国文库》……所举石印优点有:可按需要印制各种大小的书籍;小的布道册子可在很短的时间内印成,很省时;小的布道点,若缺人手,传教士一人就能操作,费用省;便于印刷各种文字。”第119页:“影印书籍和图画,不爽毫厘,和原稿逼真,是石印技术的一大优点。”

石印技术相比较雕版在技巧上的灵活性突破了在制作某些画面效果时的技术局限。如密集线条的处理,黑白灰多色层效果的呈现,对精微细节的描绘,大场面、多人物的复杂画面的表现等(见图4-29)。此外,相比于对画稿到成品的工艺转换有更高要求的雕版印刷,更为个人化的设计和创作过程使石印艺术家的创作变得更自由灵活,可以大胆尝试新的图式,追求不同的效果,表现时代的内容,这样,作品的面貌变得更加多样化(这一点在有关石印造型特点的讨论中也已提到)。

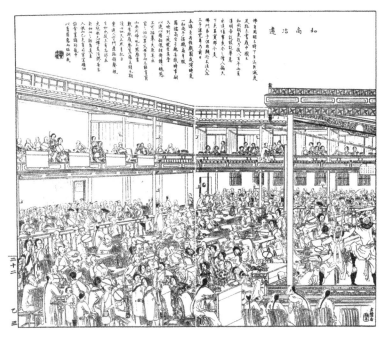

图4-29 《点石斋画报》"和尚冶游"

石印在晚清中国的发展时间虽然短暂,但势头猛烈,因为它是随着现代印刷工业和现代新闻媒体事业一起进入中国的。作为一种现代工业,规模化的工厂生产保障了其制作的速度、更新的频率、产品的数量,这些都远远超过了作坊式生产的传统木印;再加上石印所依托的新闻业的勃兴,使得石印一开始就以传播时事新知的有效媒介的面目出现,其功能决定了石印图像的现实主义特征。这些带有时代新特征的图像得到海量复制和广泛传播,很快淹没了依托绣像小说插图在民间流传的传统图像,促使中国传统版画的风格和面貌以及相应的一系列技术和规范发生重大变化,在中国延续千年的程式化、装饰性、寓意性的艺术逐渐为关注现实的再现性艺术所替代。

再现性艺术与"以形写神"的传统艺术关注点不同,中国传统艺术表达的是一种对事物整体性的认识或表象背后的普遍本质,而再现性艺术展示的往往是生活的一个侧面,一段插曲,一张快照。正是这种全新的功能以及技术上的可行性确保了传统图像得以向现代图像转换,新的石印图像也开始以其特有的方式作用于大众。

(六) 总结

图4-30为吴友如的一件作品,其包含了晚清石印图像的几乎所有因素。我们通过全面分析这件作品来回顾本节内容。

图4-30 《飞影阁画报》,吴友如

画面表现的是三位"现代妇女"的日常生活一幕。画中人物还是形式上的主体,但画家的兴趣似乎拓展到了她们所处的整个存在环境和她们的存在状态。画面空间的经营匠心独具,画家像西洋同行那样采用正常的平视角度切入画面,并通过构图游戏来增添视觉上的丰富性。画面上微妙地安排出前景、中景、远景,人物处于最佳的中景位置。圆桌、长凳、靠椅、桌上的瓶花、镜子等的布置恰如其分,各得其所,体贴地为人物安置了一个舒适的生活场所。有意思的是这张作品里三位人物都没有以正脸示人,而是以不同方式隐没于环境中。坐左边的人物需要通过梳妆镜中的反射才能看清面目,右边两女子都被细密的竹帘遮挡,呈现一种婉转与含蓄而参与到场景的建构中,不似传统的人物画那样总是力图清晰明确。画面的黑、白、灰调子在素描上进一步加强了层次感和丰富性。

　　在这幅画中,虽然仍以线条造型,没有刻意的光影与体积表达,但"线条趣味"已不是主导,画家通过人与景的互动交织,层次感和细节设置铺陈出一种新的视觉体验,实实在在地展现出一幅都市有闲阶级优雅闲适的生活图景。如果说欣赏传统木刻插图就像在观看一出戏,那欣赏石印插图就像在观看一部纪实影片。影片图解了一幕幕邻家庭院里发生的寻常故事,画面显得熟悉而亲切。就这一点来说,该画的着眼点和情调与西方的风俗画更相近(见图4-31)。

图4-31　约翰内斯·维米尔(Johannes Vermeer)《一封情书》,油画,17世纪,荷兰

　　石印图像是描述性、纪实性、局部性、细节性的。一方面可以更准确地还原生活的一个侧面,将事件交代得更具体平实;另一方面也可以通过其丰富的写实主义技巧来表现综合性的视觉效果,画面上出现明暗、光影、气氛、情绪等因素,表达现

代人多层次的心理和更复杂的情感世界。

北大的陈平原在其著作《左图右史与西学东渐——晚清画报研究》中曾比较过几个不同版本的《天路历程》小说插图,很有意思①。我们可以看到其中一部,羊城惠师礼堂版的《天路历程土话》(同治十年,1871年)采用传统的木版插图,即绣像本,该图式还是尊崇中国画的"清晰原则"的,整本绣像集通过对故事主要情节的简练而明确地描述,清晰完整地展现了全书的脉络和精髓,是概况性和宏观性的(见图4-32)。而海外版的插图,如 *The Pilgrim's Progress*(《天路历程》,1845年)则是对某些特定情节或局部场景的描述。如其中一张对"浮华镇"的表现(见图4-33),这样的图放在任何类似的场面描写中都可以,在这里出现,可以说很大程度上只是插图画家对这个题材感兴趣,或者认为这个场面能更好地展现塑造形象和营造气氛的能力,也就是说这个场面具有"可画性"。这样的创作是局部性的,就与文章的整体脉络来讲关系并不紧密,甚至可以说并未紧扣主题,但就故事局部的再现

图4-32 《天路历程土话》"指示窄门",清同治十年(1871年),羊城惠师礼堂版　　图4-33 *The Pilgrim's Progress*(《天路历程》),1845年

① 陈平原著:《左图右史与西学东渐——晚清画报研究》,三联书店(香港)有限公司,2008,第20-28页。

性来讲却是极其具体和直观的。正是由于石印技法提供了更灵活多样的表现技法,画家能够操作的余地更大,意志相对更自由,图像负载的内容可以更丰富,图像脱离文本的独立性也更大。

描述性图像与描述性文字能更好地配合。《点石斋画报》等以写实图像为主的画报内容活泼,贴近生活,带有纪实性和时事性,其主旨与晚清谴责小说的载体——文艺小报相似,所以此类文艺小报也多使用石印图像为文章增光生色或添加注解。晚清的一些文艺杂志,如《绣像小说》《月月小说》等也将石印图像与连载小说相结合,使两者珠联璧合,针砭时弊和介绍新学。

图像风格和趣味的变化背后的驱动因素是综合性的,但有一点显而易见,晚清石印图像上所呈现的变化为我们提示了清末民初造型艺术在思想观念上的一种变化。那是当时的人们对存在环境和即时事件的关怀和好奇。

就时代背景来讲,19 世纪末 20 世纪初的中国,是传统乡土环境为都市时空所替代的时期。随着国门的打开,新鲜事物和各种观念信息大量涌入。机器、工厂、资本生硬地在乡野村庄的土地上切割、规划,建构起近代城市的图景。人、物、观念统统被卷入工业革命带来的加速发展的洪流,被拆解、重组,催促着古老的农耕帝国步入近代工业文明。原先,人与自然的耕耘与索取、依赖与敬畏的单纯明晰的关系被瓦解,自然人被工业社会分类整合,被城市生活分化分层。不同的人在新形成的不同阶层中获得身份,从各自的生存场域施力并受惠于社会,同时也被各自生存所仰赖的物质设施标注以身份。并囿于狭小的物质存在空间及物化的精神家园,隔绝于更为广袤的山野自然。现代化都市文明以物质生活为表现,以速度和变化为特征,外界新事物层出不穷,琳琅满目。艺术创作自然会注意到这种丰富性,开始更注重表现生存的外在环境。

石版印刷技术为这一思想观念的变化在视觉领域的展现提供了载体和技术上的支持。石版印刷技术直接在版面或转印纸上绘画,省却了从手绘到雕版的工序转换,这样画师不需要顾虑到刻版工艺,对图像的最终效果有更多控制和把握。有利于对时代有洞察力的敏锐的艺术家表达属于该时代的个人自由意志。此外,以往最优秀的刻工也无法呈现的纤毫毕现的效果在石版上都能呈现,这就为画面的写实性和丰富性提供了技术上的可能。

观念结合技术，一套全新的创作方法和图像系统应运而生，它承接自继清中后期以来由西洋绘画介入而逐渐发展起来的非主流的西洋写实主义脉络，而与正统中国绘画注重"意"与"境"，"真"而非"似"，"似"而非"像"的完备系统不相一致。这一系统基于西洋写实主义原则，关注透视、明暗、虚实对比，追求"逼肖"效果和三维的错觉。在清末民初随着人们社会生活领域和意识领域的激烈变更，随着西方图像的大量涌入，以及石印技术推广促成的图像在新闻传播领域的广泛运用，这一系统得以充分确立和完善。

依托石印的复制和传播，这种来自西方的造型和审美系统以公共艺术或流行图像的形式不断撞击人们的视域，进而深入人们的脑海，形成时代的观念。自下而上，以民间艺术特有的活力，取代了旧有雕版画中的图像程式，形成了中国近代的一股现实主义艺术潮流。这一以石印画为代表的现实主义艺术体系在晚清以稳健有力的姿态形成了，并且与传统木刻版画及其所依附的文人画拉开差距。这样，近代中国绘画开始分流，一方面，中国文人水墨画继续在原先的系统中自律性演变，经过"海派绘画"在形式上的探索而进入新纪元；另一方面，与之一脉相承的民间版画则在此时摆脱了传统美学及表现程式的束缚，并建立了一套新的造型体系，进入到一片自由创造的领域，以遵照普通大众更喜闻乐见的形式向再现性、丰富性、通俗性、纪实性的写实主义道路发展。

二、晚清石印图像与文字的关系

相比较程式化的雕版插图，叙事性的石印图像在造型语言上更丰富，语意系统更完备，能表达更复杂的情节内容，从而不必过多依附文字而具有独立存在的价值。随着石印图像的完善和流行，图像的独立价值被进一步突出和放大，对文字的依赖进一步减弱，两者的关系也相应松散了。原先的图像对文字的依附关系转变成了两者并置，并进一步衍生出两者更灵活的搭配和互补。

回顾中国的传统木版画，出现形式多为以下几类：①文学插图（戏曲、小说、佛道、传记等）；②类书插图；③画谱；④装饰画（画张儿或民间木版年画）；⑤地图、票据、告示、牌戏、符咒、肖像集、家谱等杂类。后两种因其唯依托图像产生的特定功能如替代性、宣传性、娱乐性、装饰性、指示性等而凸显图像一定程度上的独立价值，所以不做专门讨论。画谱是必须以图为主的，类书属于工具书，书中图示具有辅助说明功能，也不可或缺。只有上述第一种是我们要重点分析的对象，能了解文和图之间的关系。

自古以来，版画的一个重要角色就是以图补充文字，为文学作品增光添色，属于文学作品的附属。文学插图是中国古代木版画的主要存在形式，最能展现中国古代木雕版画在技术和艺术上的成就。

晚清石印画的代表形式则是石印画报，也具有文学性。但在这里，图像已成为主导，图像具有强大的叙事能力，成就了以画为报、以画为主的图画新闻形式。

下面我们将考察在明清插图文学和晚清画报中，当图像与文字共同出现时，两者的轻重主次以及图文呈现方式的变化，以此说明图像地位和图像功能的转换以及相应的人们阅读习惯的改变。

（一）传统雕版文学作品中的图文关系——"文配图"

我们先了解一下雕版插图文学中的图文关系。

在中国的不同历史时期，图文配合方式不尽相同。主要有"上图下文"（见图 4-34），"左图右文"（见图 4-35），"前图后文"（图片集中在书籍正文或每一章

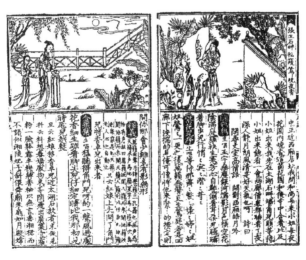

图 4-34 《西厢记》，明弘治

回前);或单列一册"绣像"集,与文字部分分开印刷。图文比重有一章回一图,或页页有图。"中国人之使用图像,只是补充说明,并非独立叙事①。"所以就图像内容来讲,有的是配合文字的;有的表现某段故事高潮或某一章节的主要内容(见图4-35);有的是主要人物形象;有的交代一个故事发生的重要场所,这种纯写景的插图并不多见,通常出现在文章开头,配合故事缘起,描绘一张全景图(见图4-36)。

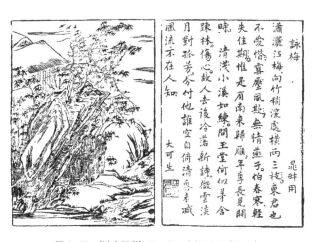

图4-35 《诗余画谱》,明万历四十年(1612年)刊本

图4-36 《增评补图石头记》"大观园全景图",清光绪二十六年(1900年),铅印本

① 陈平原著:《左图右史与西学东渐——晚清画报研究》,三联书店(香港)有限公司,2008,第4页。

上述图文版式、图文比重、图像内容依据不同组合可形成多种搭配。如果是全景图、故事背景交代或者小说人物绣像，往往集中在卷首若干页中，也即"前图后文"。有时候文章中主要故事情节也会刻绘成若干图像集中安排在卷首部分，如《绣像本警世通言》（早稻田大学图书馆藏明刊本），但更多情况下每章回的主要情节画会布置在每一章回前，如《水浒传》（明万历年间容与堂刊本）。这样的版式可能也是最省力的图文排布方式了，在版面的制作上，省却了图像与文字兼容性的考虑。

　　另有一种更为图文并茂的版式，即每页都有图。此类版式通常做"上图下文"布局，图像占页面三分之一，文字占三分之二（见图4-37），当然，各自幅面比重偶有上下浮动，也偶有各占一半，甚至图像大于文字的（见图4-22）。这种情况下虽然看似构成全书的图、文所占份额相似，但起主导作用的仍然是文字。图像内容、数量、跨页安排须与下方的文字版面相配套，"下半文字内容占多大地位，图画也就占多大地位，长短完全是不统一的。这也是说明了当时戏曲、小说中的连环图画，虽然有些连续性质很强，实际上仍是以文字为主，图画完全服从文字的需要[1]"。所以，每页都有图的书籍显示的只是一种更紧凑的图文关系和更漂亮的版式，而不足以说明图和文的平等关系。

图4-37　《新刊出像天妃济世出身传》，明万历元年（1573年）

　　说到这里需要提一下一种特别的案例，即《孔子圣迹图》。这类图册版式或为"左图右文"，或在图像上简单题字，图像比重相对文字部分占绝对优势。在这里，似乎是以图为主，以图说事，那是否说明了图像重于文字呢？其实不然，这些图像仍是建立在文本故事基础上的。圣人故事或佛道故事多为人们熟知，画面中出现的

---

① 阿英著，王稼句整理：《中国连环图画史话》，山东画报出版社，2009，第116页。

人物、场景、动态、构图多有明确的图像学特征，对于一位熟悉背景知识的人能轻易从这些明确的指代中辨认出图像背后的文学内涵。另外，这类图像流传久远，极具类型化，画面构图、场景描绘、人物塑造等遵循一套固定模式，且不以材料技法及创作者个体的不同而轻易改变。如推断出自明成化、弘治（1465—1505）年间的彩绘绢本《圣迹之图》；始于明万历年间的石刻本《孔子圣迹图》（见图4－38）；在此基础上

图4-38　《孔子圣迹图》之"退修诗书"（上图为"彩绘绢本"，中图为"石刻本"，下图为"石印"）

产生的诸多木刻本和民国年间翻印的石印本等。涉及绘画、石刻、雕版、石印等不同技术，但约定俗成的图式甚少变化。所以此类图像并未脱离文学背景，图像本身缺少个性面貌，仍不属于具有独立价值的造型艺术。此外，当时许多版画还只是对同类纸本绘画的复制或改制，不是真正意义上的独立创作，如果在一定程度上呈现出独立的图像价值，那这种价值也是来自其所依据的纸本绘画的。也就是说，雕版和印刷只是一种工序，而非创作。

　　类似于佛道故事画，民间流行的木版年画也是程式化的。如果习惯于观看此类作品或掌握了图像各元素的指代系统便能对画面内容一目了然，如《春牛图》中的象征与隐喻①（见图4-39）。所以木版年画虽然"以图说事"，但不能脱离约定俗成的图像规范和其背后模式化的语意系统，因而也不具备严格意义上的独立叙事能力。

　　另外还有一种以图为主的出版物称之为图咏，图像占据较大篇幅，每图后有题咏。往往刊刻绘画名家作品，内容包括小说人物、历史名人、景观名胜等，如《红楼梦图咏》《圣祖御制避暑山庄图咏》《圆明园四十景诗图》等；更有单纯的人物图谱，如《水浒叶子》《高士图》等。虽然相对于文学插图，图咏的图是主体，但仍需要文字

---

① 维基百科

　　……春牛就是土牛，乃是土制的牛，古时候于立春前制造土牛，好让文武百官在立春祭典中用彩杖鞭策它，以劝农耕，同时象征春耕的开始。春牛身高四尺，象征一年四季。身长八尺，象征农耕八节（春分、夏至、秋分、冬至、立春、立夏、立秋以及立冬）。尾长一尺二寸，象征一年十二个月。

　　牛头代表当年的年干；牛身代表年支；牛腹代表纳音；牛角、牛耳及牛尾代表立春日的日干；牛颈代表立春日的日支；牛蹄代表立春的纳音；牛绳代表立春当日的天干；牛绳的质地代表立春当日的地支。并依干支的五行画颜色，属金为白色，属木为青色，属水为黑色，属火为红色，属土为黄色。另外牛口合上，牛尾摆向右边代表阴年；相反，牛口张开，牛尾摆向左边代表是阳年。

　　春牛图里的牧童，就是"芒神"，又叫句芒神，他原为古代掌管树木生长的官吏，后来作为神名。身高三尺六寸，象征农历一年的三百六十日。他手上之鞭长二尺四寸，代表一年二十四节气。芒神的衣服以及腰带的颜色，甚至头上所束的发髻的位置，也要按立春日的五行干支而定。当他没有穿鞋和束高裤管时，就代表该年多雨水，农民要做好防涝的准备；相反地，双足穿草鞋则代表该年干旱，农民要做好抗旱蓄水的安排；又如一只脚光着，一只脚穿草鞋，则代表该年是雨量适中的好年景，农民们要辛勤耕作，勿误农时。还有，如果牧童戴草帽意即天气阴凉；不戴帽则炎热。

　　芒神的衣服与腰带的颜色，也因为立春这一天的日支之不同而不同，分别亥子日黄衣青腰带；寅卯日白衣红腰带；已午日黑衣黄腰带；申酉日红衣黑腰带；辰戌丑未日青衣白腰带。而牧童的鞭杖上的结也因立春日的日支不同而用的材料也不同，分有苎、丝、麻，结的颜色用青黄赤白黑等五色来染。

　　而牧童的年龄也有喻义，孩年的牧童代表逢季年（就是辰戌丑未年）；壮年的牧童代表逢仲年（就是子午卯酉年）；老年的牧童是逢孟年（就是寅申巳亥年）。另外如果牧童站在牛身中间，表示当年的立春在元旦前五天和后五天之间；牧童站在牛身前面，表示当年的立春在元旦五天前；牧童站在牛身后面，表示当年的立春在元旦五天后……

图 4 - 39 《春牛图》

注解才能明晰图像内容;且图咏往往单纯表现个别人物或景观,画面虽然没有故事
性,但对画中角色的辨认需要依托一个更广泛的文学土壤和文化共识。

综上所述,在传统木版印刷物中图像始终依附于文字,图像能为文章增色,但
也需要文字注解才能辨识内容,图像的"说明性"和"解释性"功能多于"叙述性"功
能。图文关系还处于"文配图"、文为主的阶段。

(二) 石印画报的图文关系——"图配文"

要能做到"图配文",首先,图必须具备足够的表现力,能替代文字表述复杂含
义。雕版书中说明性的图画,有固定模板和规范,以传统程式代代相传,为使画面
所述内容一目了然,不产生歧义,无须强调创新或深入描绘。而外来的石版画因其
强大的描述性功能(见上一节),吸引画师开始探索新的表现可能性,解构传统的语
义系统,建立一套新的图像逻辑,从而使其能够独立于文字而单纯以画面传达
信息。

最能体现图、文关系变化的领域是石印画报。画报兼具图像和新闻的特点,在
这里,可以看到在历来注重文字功能的文化领域,图像逐渐突破传统藩篱而取得了
独立价值,图和文的关系发生了根本的转变。

石印画报是以画为主的新闻纸。如《点石斋画报》每期的八页全部由图组成。图上配有文字说明,出现在图上方固定位置,类似于中国画的题款。不仅在图文搭配方式上可看出图的主导性,文字的辅助地位也体现在图文印制的实际操作过程中。在点石斋向社会上"能画者"征集画稿的启示中写道"画幅直里须中尺一尺六寸,除题头空少许外,必须尽行画足……另须书明事之原委"①,依此,陈平原推断:"画师依据'事之原委'作图,至于撰文以及将其钞入画面者,另有其人②。"这里既体现了《点石斋画报》的内部分工以及出版运作方式,也说明了图像主导,文字跟进补充,图为主,文为辅的思路。与之前的文学插图制作的思路完全不同。

石印出版物在发展到后期出现了在形式上更接近现代意义的画报,画报中出现各类不同风格的插图绘画,字体风格则随着图像作相应变化,甚至常常被进一步变形处理,加以图案化,既补充了图画的内容,又成为图画的装点。就像独幅绘画中的题字和印章那样,文字成为图像的点缀和说明,变得和图像一样生动活泼了(见图 4 - 40)。

图 4 - 40 《时事新报图画》,1912 年

① 陈平原著:《左图右史与西学东渐——晚清画报研究》,三联书店(香港)有限公司,2008,第 101 页。
② 同上,2008,第 3 页。

除画报外,石印盛行期间的以文字为主的普通报刊也多运用图像,图像在文字中出现的大小、位置相当自由,除了辅助文字说明一定的新闻事件外,还有美化版面的作用。至于后者则可以看到图像有别于文字的,在视觉传达和装饰上的独立作用,在广告版则更是图文灵活穿插排布,发挥了石版印刷在设计和制作上的优势。这样,由于图像的加入,早期枯燥的纯文字版面的报纸,变得充满活力,图和文纵横排布,大小穿插,图像既是文字的辅助,又是版面美观的主导。有些地方还采用了画报的形式,突出一张新闻画,而以少量的文字对其加以阐释。在这种情况下,图和文的关系更类似于一种可根据版面需要,自由搭配的平等的排版元素,而不是像过去那样,图是文的依附和注解。

(三) 图像主导的形成因素

图像能够成为主体,对文字加以主导,这种改变与石印画的特性密切相关:

1. 石印画的再现性和叙事性丰富了图像的表现力

仍以画报为例。画报是种舶来物,虽经本土化改造,使得晚清石印画报从装帧到图式仍都极具中国特色,但创办理念和运作方式以及图像性质都是源于西方的。

《点石斋画报》创始人美查曾这样理解中国人对待图像和文字的态度:"中国人重文字而轻图像,与此相对应的是,'中画以能工为贵',而不像西画那样'以能肖为上'。正是这一点,使得中国人不太擅长以图像叙事——有'图'之'书'不少,但大都是基于名物混淆的担忧,或者希望'图文并茂',而并非将图像视为另一种重要的叙事手段①。"这位外来者的一席话道出了中国传统木版插图中图像的作用和地位,也恰恰提示了晚清印刷出版物中图文关系发生变化的主要原因:清末民初之际,随着一批卓有创见的艺术家对西洋石印技术的钻研和对石印画的实践,使石印图像逐渐做到不仅"能工"而且"能肖",因而赋予了图像以叙事功能。

为了便于我们探寻石印画报"图像主导"这一特点的形成,让我们先考察一下稍早时候的印刷出版物中的图像形式。

首先,让我们看一下在华的早期基督教会读物。清末,由西方传教士办的教会

---

① 陈平原著:《左图右史与西学东渐——晚清画报研究》,三联书店(香港)有限公司,2008,第102页。

读物也往往配有插图,但图版多来自翻印的旧铜版画或木版画,并不是专门请人镌刻的,即便如此,现成图版的获取也十分不易。在这样的情况下,只要有优质的图像,文字就围绕图像并为图像让步。当然,如果图像无法获取,则只能仍以文字为主。基督教美国监理会来华传教士林乐知所办的《教会新报》曾有一年连续刊印《圣书图画》。"在版式及篇幅固定的杂志上,以图像为中心,讲述《圣经》故事,首先需要摆放的是大小不一的图像,而后才是作为配合的文字①。"在这些早期刊物中我们看到一个现象:图版和文字各自独立的趋向已然存在。

此外,晚清西人所办的早期报刊上也有少量配图,但终究因为工艺相对繁复的传统木刻画和昂贵的铜版画与这种新型的强调时效性的新闻出版物不相适应,使得在这类近代报纸中,文字仍然担负主要的宣传、告知等作用,而图像只是起到一个补充作用。如创刊于 1850 年的《北华捷报》(后改为《字林西报》)就通篇无图像。而创刊于 1872 年的中文报刊《中西闻见录》虽配有精美的木刻或铜版插图,但十分有限,每期仅一图(见图 4-41)。而《圣书图画》也终因图像获取渠道的不畅通而终止②。还有一些小型报纸,实力不及《字林西报》等大报,出现的图像则显得十分粗

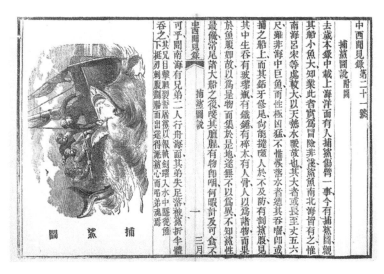

图 4-41　《中西闻见录》,1872 年 8 月创刊

① 陈平原著:《左图右史与西学东渐——晚清画报研究》,三联书店(香港)有限公司,2008,第 11 页。
② 同上,第 13 页。

图4-42 《花图新报》(后《画图新报》),清光绪六年
(1880年)创刊

陋(见图4-42)。所以由于早期的图像在制作上无法跟进文字,尚无法在这一新媒体中担任重要角色。

这种情况直到引进了石印术才发生改变。在上一节"图像的变化"中详细叙述了石印图像的再现性特点。石印图像那来自西画传统的写实再现能力和丰富的细节表现能力,使其不再驻足于概念化地为文字作注释,而是变得更独立,能够通过更生动灵活的写实性造型语言叙述一桩最近的新闻事件或描绘一件新奇事物。即便有时候这种描绘带有主观臆测或不实夸张,如《点石斋画报》中的《飞舟穷北》(见图4-43)①,但也从侧面说明

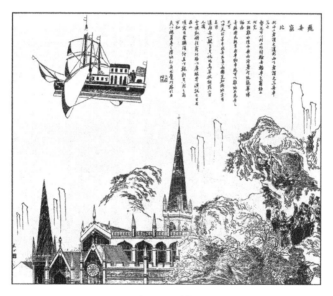

图4-43 《点石斋画报》"飞舟穷北"

① 见鲁迅著的《上海文艺之一瞥》(载《二心集》):"对于外国事情,他(吴友如)很不明白,例如画战舰罢,是一只商船,而舱面上摆着野战炮;画决斗则两个穿礼服的军人在客厅里拔长刀相击,至于将花瓶也打落跌碎。"

了这种最新事件或新奇事物是无法在传统图像经验中找到参考的,因而石印画家们有可能在形式上突破传统模式,而有所创造。

石印画摆脱了中国传统绘画的图像学模式,我们无法从画面中找到那些熟悉的元素。我们在观看一张石印画的时候不会再像在戏院欣赏一部传统戏目那样预知演员的扮相、动作、唱词,而是要随时准备接受无法预料的全新信息。因此,在观看石印画时,观众不再是在既定的美学体系里欣赏线条节奏、诗意情愫或刻工的雕版功力。石印图像以"逼肖"的方式还原现实,并改变了人们的观图习惯,观众将其视为一面反映现实的镜子或提供信息的源泉,并更主动地在这个第二自然中寻找与现实的对应,从图像信息中得出观看结论。

同时,石印强大的制作和复制图像能力以及快捷、价廉的优势,也使石印图像很快成为报纸杂志必不可少的组成部分,甚至成为吸引读者的重要卖点。后期报刊上图像的大量运用同早期报纸满是文字的状况形成鲜明对比,图和文的比重发生明显变化。图像成为文字的重要补充,又由于其直观性,并且能照应到更多文化程度不高的社会中下层读者,使得图像在某些情况下甚至替代文字来传播信息。

2. 石印术与新闻业的结合促成了新闻画的产生

1)新闻画的产生

在西方,作为西方版画世界的一员,石印画在形式上延续了过去各种印刷图像的描述性特质。但是石印术在制作上的快捷性使之更胜任于强调时效性的新闻领域,因而,石印术在发明不久,便被应用到新闻报刊业,成为制作新闻图像的主要手段。石印画成为真正的新闻图片。随着技术的进一步完善,石印画的即时性等优势进一步被证明,石印画进一步脱离文字开始独立承担讯息传递的角色。每日更新的新闻时事以及身边发生的杂谈趣事为石印画提供了源源不断的创作素材,为石印画创造了检验、发挥以及完善其图像叙述优势的条件。尤其是当纯图本的新闻画报诞生,石印图像成为新闻叙述的主角。可以说石印促进了新闻画的发展,新闻也成就了石印画的推广,石印图像与新闻纸是密切相关的。

在中国,石印术与新闻纸几乎是同时期引进的,因而石印术一开始便与新闻相关联。如果石版印刷技术在早年还用于影印古籍或印制宗教小册,石印绘画则很早便应用于对时事的表现。这个新技术是带着全新的西式图像系统进入中国的,西式图像在中国的最初大规模呈现就是石印时事新闻画,中国普通民众对西式图像的样式和应用方式的认识也主要来自石印新闻画。

2）新闻纸版式的应用

我们再来讨论一下新闻纸的版式。新闻纸的版式并非凭空产生,而是延续了西方书籍的图文编排方式,这些书籍中的图文编排虽也有一定模式,但图像位置、

图4-44 《教会新报》(后《万国公报》)"参孙毁屋图",清同治七年七月十九日(1868年9月5日)创刊

大小、表现内容等远比中国书籍插图来得灵活自由。就图像内容来说可以表现任何一个细节或选择那些在视觉上容易出效果的内容,在图像位置和大小方面也是较自由的,受到印刷框架的限定较小,图像的位置较松动。由于画面有深度感,图片边缘虚化,视觉上产生一种延展性,而不像中国雕版画那样强调图像适合于边框,呈图案化设计。这样的编排形式也是源于西方图像的叙述性传统,以及相对独立的图像性质(见图4-41、图4-44)。因而,当图与文能够同时出现在幅面较大的单张平面报纸版面上时,本身各自独立,但相对受限于书籍版式的图文关系一下子变得更松动、自由了。这就是西洋报刊版式与西方传统书籍版式的关系。

而在中国,石印术最初随着西式的宗教读物和宗教图像由传教士带到中国。在这些宗教读物中,石印图像与文字的编排关系也延续了西洋书籍的制式,即图像与文字的关系相对自由。两者相互补充,图像大小可随意,插放位置不固定;在内容上受到文字的限制较少,可以依照图像规律选择合适的事件或细节加以表现。

这样,石印画在一开始就是以不同于中国传统木刻画的面貌出现的,与之伴随共同出现的是有别于中国雕版印刷书的不同的图文版式关系。使得图文版式的概念由绣像小说式的传统文学插图版式一下子跳跃到了图文关系更灵活的西方书籍

的版面样式。随后,石印画出现在教会编辑的期刊上,紧接着被推广到受众面更广的新闻报纸领域。而图与文的编排则自然而然地延续了西式书籍中的样式,并在此基础上发展成为新闻纸。最后,毫无障碍地与西方报刊版式相衔接了。

所以,石印术并不是单纯作为一种技术传入中国的,而是随着这种技术的具体应用或者说随着这种技术的通用载体一起呈现给中国人的。这一载体,以及载体的面貌和功能也相应地被国人采纳。西式书籍以及在此基础上发展而来的西方的新闻纸将图像从传统雕版小说的严格版式中解放出来,赋予图像以更大的发展空间,图像对文字的纯依附关系被解除,有利于图像表达的自主性(见图4-45)。这样,图像的表达内容和表现形式,以及与文字的配合关系就更加多样化了。

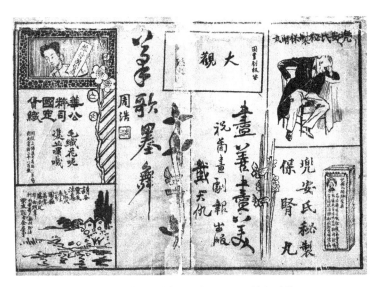

图4-45 《图画剧报》,1912年11月9日创刊于上海

新闻画概念以及西式报刊版式很快在这块土地上生根发芽。而一种新的事物一旦大量充斥于视觉,其所谓"新"便很快被消解,并被受众自然而然接纳,特别是在善于接受新事物的晚清开埠城市。新闻画成为新闻媒介的重要组成,报刊的版式面貌成为一种约定俗成,通过图文阅读以获取资讯的报刊阅读方式很快成为一种城市生活习惯。

3. 石印术的灵活性使图和文的配合更自由

在传统书版中,文字版与图版的大小位置受到工艺的严格规范,形成一套固定版式和图文规格,如上文所说"上图下文""左图右文"等。所以图是限定在一套严格的图文系统里的。在雕版书籍中,图文混排,即图中有文,或文中有图,大小、位置不固定的情况很少。即便是当图与文出现在同一页上时,如"上图下文"的样式,其实图和文也是分开的两个部分,在制作上是在图版和文字版两个固定区域上分别完成的,并且需要顾全刻图和刻字两步工艺,以及两者的搭配(见图4-46)。这样,在图文设计甚至制作过程中,图像始终处于依附地位,文字第一位,图像第二位,无论图像占多大版面,终究给人的感觉是事后镶嵌入文字的。

图4-46　雕版(可以看到下方的文字和上方的图像之间的明显分界)

石印图像的情况则不同,石印画可以较随意地放大缩小(尤其是照相制版),不必像雕版画那样限定在固定版框内,因而图和文字彼此更独立,在排列组合时也比较自由[①]。图和文可以制作在一块石版上,同时印刷,也可以在纸面上事先设计好两者的关系,再两次印刷。虽然图文混排仍需遵循一定工艺流程,但相比较雕版印刷显然容易得多,至少不需要再考虑图版和文字版的尺寸和相互的拼接。由于图文混排在技术上变得更容易,图像和文字的搭配便更多样和灵活。如《点石斋画报》中,文字说明就多出现在图像中。图和文合二为一,文字甚至成为图的补充。

---

① 见陈平原著的《左图右史与西学东渐——晚清画报研究》(三联书店(香港)有限公司,2008,第11页):"在版式及篇幅固定的杂志上,以图像为中心,讲述《圣经》故事,首先需要摆放的,是大小不一的图像,而后才是作为配合的文字。"此处虽然讲的是铜版画,但石印报刊的版式直接承接自铜版印刷,所以在版式安排上是一致的。

而在后期的画报中,图和文字的搭配更丰富(我们将在后文中展开)。

此外,"(石印)可以直接用笔墨表述'奇思妙想',而不一定非接受'刻图排字范模印刷装订'等专门训练[1]"。所以艺术家完成图像有更大自主性。一旦作者在制作图像时的自主性加大,就自然会产生其独有风格和彰显个人价值的意识。画者会精心设计一件作品,布局、构图都极其考究,力图完整且自成体系,就像一件独立的绘画作品,甚至参考立轴画的模式在画上题字、签章。字体风格也更带有手绘性,以便与画风配合,而不似早年所题印刷字体,显得刻板僵硬。在这里,石印似乎不再是对绘画的复制,其本身成为一种创造性活动,画工不再被限定在工艺流程中,成为印刷工艺中的某一工种,而是有独立创造能力的画家或设计家。这样的意识更明显地体现在后期的石印装饰画中,图像和文字都被专门设计,两者相互点缀,图和文共同形成一种富有趣味的装饰效果,同时也更具个人风格(有关这个问题,我们会在另一章中展开)。

4. 个人化的创作和简化的制作工序保障了石印画的设计性和即时性

传统木版画是种集体创作,完成一件作品所涉及的主要工序就包括绘稿、转印、刊刻、印刷,若要结集成册则还包括装订,其中刻工的地位最高[2],而绘稿人员就像文字印刷程序中的誊写人员一样,从事的工作就是把原画改装成便于刊刻的图纸罢了。最后效果的成功与否很大程度上仰赖刻工的技艺。

我们知道,大量的古代书籍是根据一件著名刻本不断翻刻的,虽然新刊印的图样也是基于画家的创作,但一旦进入印刷工序,便只是对这些画作的复制。因而可以说在传统印刷领域,设计和创作阶段早在图像进入工艺流程前便已完成,如果原稿来自较早的一个版本,则设计和创作的实效性也与印刷无关,也就是说这些图像不具备现代人所关注的即时性或创新性。

而石印技术不需要刊刻,图稿完成后只要依照固定的操作程序便能完成印制,其复制、转印和制作的手工技术含量不高,不像木版印刷那样受人工的影响。石印

---

① 陈平原著:《左图右史与西学东渐——晚清画报研究》,三联书店(香港)有限公司,2008。

② 见[美]周绍明(Joseph P. McDermott)著,何朝晖译的《书籍的社会史》(北京大学出版社,2009,第 36 页):"这份预算中刻工工资的突出地位(约占四分之三),加上我们已知当时纸张和装订的较低成本,显示刻工工资在这个雕版印刷项目中是主要的成本开支。"

画作可以最大限度呈现设计者的意图,换句话说,最后作品的成败基本取决于画家的设计与绘画技艺。

在原有的木版印刷模式下,最后的图像是叠压在一系列印刷工序后面的,图像的新颖性和独创性被时间的间隔、繁复的印刷程序、一系列人工、固定程式所消解,一种集体创作产生了经典图像,但却阻隔了图像对当下的积极作用,如《列女传》,经过几代转刻,变得面目全非①(见图4-47)。相比较而言,在石版印刷模式下,图像的设计和绘制直接决定了印刷品最后的面貌,图像与现实相连接,又以最快的方式作用于现实。观者在观看这些图像时有种熟悉感和亲近感,图像的内容是现实的,风格是个人化的,面貌是新颖的,更新周期是短暂的,因而是有活力的,其作用是即时性的,也决定了这些图像对当下的现实生活的参与度和视觉的影响力,使之甚至能够先于文字而成为信息的主导。

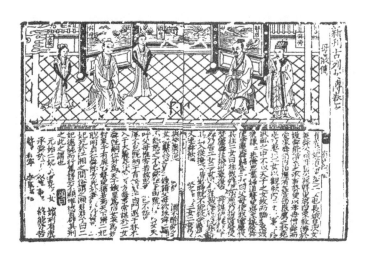

图4-47 《古列女传母仪传》,宋刊本

(四) 图文阅读习惯的改变

如前所述,当图像能够独立表述意义,便不再是文字的依附。图像在印刷物中

---

① 见王伯敏著的《中国版画通史》(河北美术出版社,2002,第26-27页):"《列女传》。汉代刘向撰……相传该书有晋代大画家顾恺之的插图……宋版《列女传》,传有嘉祐八年'建安余氏靖安刊于勤有堂'本,被认为是一部较早的插图本……到了元代,并有重刊的摹本,及到明清,还在传模影印……《列女传》插图固有它一定的艺术成就,但模刻之后,几无一点晋人作风,更谈不到顾恺之的绘画特点……除了个别的人物造型有一点点相同之外,全是后人作风。"

的比重开始增加,在某些情况下甚至超越文字成为主体。这样,传统的阅读习惯也发生了相应变化,尤其是在新闻传播领域,由于新闻图像包含的信息更直观,可理解性更直接,读图与读文开始相并重。这样,在某种意义上可以说从印刷领域开始,以时事报刊为代表,进入了图像时代,图像开始承担重要的文化传播角色。石印与新闻的相互成就及其共同作用产生的新的观看习惯在民众中逐渐养成,终于为以图像为主的"画报"形式引入晚清中国提供了恰当时机。画报以图为主,图中有故事。图像比重增加,功能放大,虽然文字也嵌入图像,但显然不再是主体。

随着石印图像的大量生产和复制,晚清的口岸城市充斥着图像,图像泛滥的客体环境与从图像中索取信息辨认事物的主体观看构成了一个图像认知的语境。在这个语境,图像衍生出多种样式,产生不同作为,满足不同需要,促进多方面意识形态的构建。人们的认知方式也发生相应变化,图像的信息不同于文字,形象包含的信息更具综合性,满眼的海量图像信息使逻辑性的费时的文字观看转向多角度、短期性、片段性、浅近性、即时性的图像观看,这种观看的信息留存是片段性、形象性、未经转化的,经印刷复制广为覆盖,在群体性意识中产生浮表化影响,并能够轻易触动群体意识,任何人无法避免。在这样一个读图语境中,时髦风尚将大行其道,预告了都市流行文化时代的到来。

19 世纪末的中国已不可避免地被卷入工业文明的洪流,特定时代的国民产生了与特定时代相应的诉求——对信息和认知的渴望,对即刻可及的事物的喜爱。新闻媒介满足了这一需求。石印图像是描述性、还原性、灵活性、即时性的,这一特征与新闻的功能相契合。石印图像有助于读者理解报刊文字所叙述的新闻事件或陌生事物,是对文字的必不可少的补充,在不识字人群中甚至成为分享新闻信息的唯一渠道。这也解释了为什么石印图像最早是在报刊领域大放异彩的。石印配图改变了报刊的面貌,枯燥的早期新闻纸变得更活泼,更吸引人,并使新知的理解和接受更顺畅。

三、晚清石印图像的进一步发展和分化

以《点石斋画报》为代表的石印画报确立了叙事性、描述性的石印新闻图像系统,将图像从雕版画固有的框架中解放出来,塑造性的绘画语言结合传统线条趣

味,使图像模式由单一的线性表达趋向多样的综合呈现,丰富了图像的表现力,提高了图像的信息承载力,扩展了图像的应用面。这种新的图像系统逐渐开始从石印画报推广到其他应用领域。这一节将分别从四个主要的石印画应用领域来分析晚清石印图像的进一步发展和分化。

就精美程度来说,《点石斋画报》和《飞影阁画报》中的石印图像已经达到这一阶段的高峰。场面宏大,细节到位,动态自然,情节生动,中式的写意与西式的写实相结合,线条韵味与透视明暗通过折中达到平衡,获得和谐,成为石印时事新闻画的典型样式,其完整性和精美程度是后来的石印画报所无法超越的。

比较《点石斋画报》本身的前后版本,差异已经很显著。前期作品更精良,画家也似乎更耐得住性子仔细观察生活,精心描绘画面;后期有一些作品则显得粗糙和概念化,环境简单,人物模式化。而当摄影术兴起并被广泛应用于新闻摄影领域后,石印画报的质量进一步衰退,画面愈发粗糙、简略,很少再见盛期画报中的那种精心描绘的大场面以及对细节一丝不苟的交代。这个时期,仅广州的《时事画报》和北京的《醒世画报》比较出色。而大多数作品只是简单交代一下事件发生的场景以及几个主要人物,动态不讲究,细节以及画面的悦目性不再重要。用文学来类比的话,这些作品更像是说明性文字,而不像早期石印画那样属于叙述性文字并带有抒情性。

所以,当图像的描述性任务交由更具竞争力的摄影来完成时,以《点石斋画报》为代表的盛期新闻画报开发出来的图像叙事性功能在这个阶段衰退了,似乎印刷图像又退回到象征性、概念性的"前石印时期"。但这并不是一个回到原点的循环。当初石印图像通过开发描述性功能而使图像表达脱离传统桎梏,并发展出了多样化的表达方式,而这正是使图像在下一阶段具备多重表述功能的基础。虽然石印图像在新闻领域单一的纪实交代功能衰退了,但却另外衍生出新的图像功能。

(一) 表现方式的分化

早期石印画报中糅杂在一起的统一特质随着图像的大量生产和在不同领域的广泛运用被逐渐分化,表现方式变得多元,并逐渐分流。

1. 传统线描

线描仍然是最基本的表现方式,成为中国石印图像的标志性特征,使作品始终呈现带平面装饰感的"中国味"。后期的石印画仍然以线条表现为主,线条除了用于塑造外,仍要求有弹性,有韵味,有节奏。一些并不很成功的简单化的作品也往往源于线条运用的贫瘠;而在许多使用线条组织黑白关系的作品中,我们注意到艺术家也尽量认真对待每一根线条,使之个性十足,折射画面的整体线性韵味。画面整体上黑白灰的色层跨度不大,维持一个灰色调子,使线条感始终留存在画面上(见图4-48上图)。相比较而言,西洋绘画的线条主要为使画面形成黑白效果的

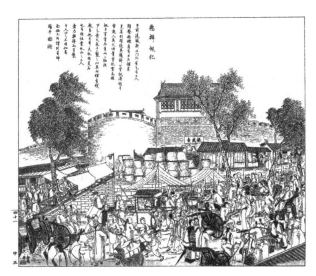

图4-48　上图为《点石斋画报》,下图为《Illustrated London News》"德国人在中国",1899年2月18日,石印画

(两图表现类似题材,但上图仍以线条为主,下图则以明暗塑造。上图为俯视效果,全景式,下图为平视,透视感更强烈)

元素,线条通过反复交叉形成面,因而单独一根线条的韵味并不是很重要,因为这些单一的线条最终会消失在密集的排线中,并融入强烈的黑白灰的色块,为了加强黑白效果,还会常常通过晕染来减弱线条,以强调块面感(见图4-48下图)。

所以中国式的线条始终没有彻底离开中国式的石印画,也因此赋予晚清石印画特有的中国面貌。这种线条感即便在后来"洋味"十足的石印广告画中也有所体现,轮廓线的强调以及细节处由线条组织的装饰感使得新式的明暗表现技法并未脱离线条走得太远。

2. 明暗塑造

图4-49 《程氏墨苑》,明万历三十三年(1605年),
安徽新安程氏滋兰堂刻彩色套印

《点石斋画报》等作品中已经采用明暗手法,这种西洋的写实技巧在石印技术的支持下得到了充分展现。早期的石印画报通过线条排列和叠加,增加局部画面色度,使作品呈现黑白灰的色阶,产生明暗调子感。在一些直接借鉴外来图像的作品,尤其是表现西方人和国外场景的作品中,黑白手法运用得更彻底,线条的表现手法也不同于中式石印画(见图4-14),这种全面模仿的方式也有其历来传统,就像在《程氏墨苑》中的圣母子像(见图4-49),在采用西式图像法的同时,也纯粹采用西式的表现手法。

而当石印图像广泛流行时,明暗塑造技法被运用得更纯熟,无论是表现人物还是风景,都可以感受到作画者关注的是一种黑白效果以及由此产生的立体错觉,画面变得凹凸起伏,显得厚重、强烈和真实,这种逼真感更能为"现代观众"所认同(见图4-50)。在一些更为个人化的作品中,黑白手法运用得更洒脱,带有一种主观性,不再仅是追随客观对象的造型手段(见图4-51)。黑白表现手法也被广泛运用在带有设计感的作品中，以追求一种强烈的、纯粹的视觉效果和现代感。漫画也往往运用黑白表达，使画面简洁、明确、醒目（见图4-52）。

图4-50 《燕都时事画报》，1909年创刊　　　　　图4-51 《民呼日报图画》，1909年创刊

图4-52 《时事新报图画》，1912年

所以，我们看到在早期石印画报中所出现的黑白元素，逐渐成为更为独立的艺术表现手段，为晚清艺术家所掌握并且被强化，为设计服务。

3. 夸张变形

漫画形式完全脱离了对造型有严谨要求的纪实性图像准则。在这里，使用夸张、变形等多种手法，使图像语言或者犀利，或者幽默，力图表现常规纪实画面所无法表达的强烈爱憎或揶揄和调侃。

用幽默的绘画语言来表达观念，这也是随着报纸和新闻而产生的一种新闻图像，也算是舶来品，在中国鲜有可参考的先例，所以早期的漫画家或自创风格或参考外来资料，前者多显稚拙，后者则缺乏个性。但这都是在新的时代背景下在图像表达这块新领域的一种尝试。许多作品的表现手法很随意，几乎没有限制，线描、黑白、传统、"洋派"，带有明显的实验性（见图4-53、图4-54）。这些作品中的脱胎于后期石印画报图像的"粗糙"性和"局部"性（见图4-55），正是从这种"弊端"中发展出来的新特征。

图4-53 《时事新报图画》，1912年

图 4-54　《民呼日报图画》(《民呼日报》,1909 年 5 月创刊,集印本)

图 4-55　《时事新报图画》,1912 年

　　漫画栏目在版式和布局上则相当灵活,少数仍然是一页一画或两页一画,但更多的则是把一页分割成若干区域,采用连环画式的一组关联图像来说故事(这种形

式可以说是新式连环画的雏形）。画面的分割方式很多样，与活泼的图像相配合，编排布局显示出早期石印画报所没有的灵活性。文字与图的配合也更多样，文字的位置、采用的字体等都与图像的表现手法相配合，显示出一种率性的手绘感和创作者对整个设计意图的掌控和贯彻。

4. 图文版式

早期的石印画报已经实现了图文混排，使图和文出现在同一个画面上，互相补充，这是新闻图像的重要特征。但当时多数画报的图文版式仍然相对单一，中规中矩。一般都按照《点石斋画报》的模式——图像上方留白，填充文字。虽然规格统一，但不免单调。

后来的画报图像开始变得粗糙和局部，画面描绘不如早期画报那样翔实，这时候，文字的作用恢复了，成为解释画面的有效途径。这样的形式也更多地运用在新闻报刊上，往往出现一段文字针对一张新闻图片进行具体的描述和评论，以补充被画家省略的内容。

图像变得粗糙，也可以说是对固有模式的一种松动，提供了变动的机会，这样，文字的排布也就同样不用遵守严格的规范。在后期画报中，我们看到文字的位置不再固定，可以出现在图像的不同位置，文字和图像都成为设计因素，在图和文的关系上提供了更多设计条件，如字体的选择，图像表现方式与字体的配合关系，图和文的位置和呼应等。配合画面或版面的风格，创造出别具一格的平面视觉效果，并进一步衍生出更多的可能性。也使石印图像像文人画那样真正做到书画一体，更显个人面貌，表达个性化的设计风格（见图4-56、图4-57）。

另外，早年的石印画报每一页都有类似雕版书籍的版框，版框上有固定的版心、书耳等元素，这是对传统雕版书的效仿。在后期的石印画报中，这些效仿变成为更纯粹的装饰，并且依据装饰的规律加以变化，而这种在形式上的变化是用以满足纯美学的需求的。画面的分割也变得多样化，内框和外框相呼应，比如在漫画的编排上（见图4-53），目的都在于使画面在视觉上更吸引人，并且与画面内容相统一。这样的版式带有更多的设计感，其面目进一步脱离传统，而变得更"现代"，使得画报形制由传统过渡到现代（见图4-58、图4-59）。

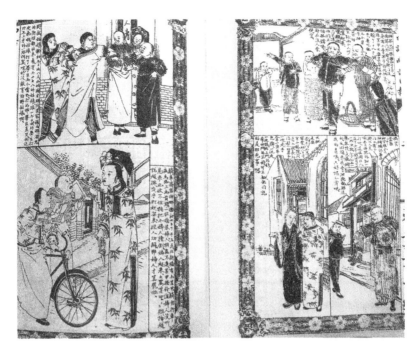

图 4-56　《北京白话画图日报》,清光绪三十四年(1908年)创刊

图 4-57　《民呼日报图画》(《民呼日报》),1909年5月创刊,集印本)

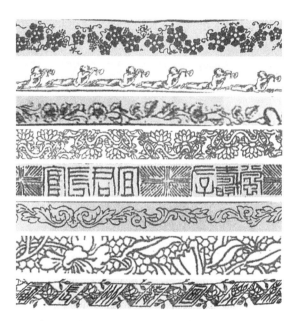

图 4-58 《申报图画》《神州画报》《民呼日报图画》《新闻画报》等报刊边框装饰

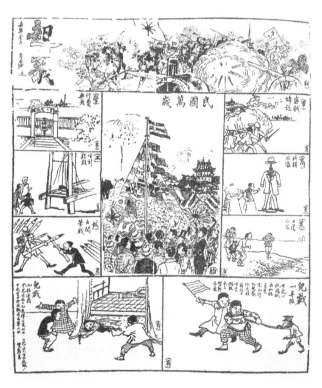

图 4-59 《民权画报》,1911 年创刊

技术解放了设计,图文版式的变化基于石印技术。因为石印画的生产过程中没有太多工序限制和工种配合,没有悠久传统积淀下来的各种规矩,新的设计不需要经过层层工艺就能实现,艺术家或设计师(在此我们已经可以用设计师来形容这些石印画家了)可以更自由大胆地实现自己的构想。图、文字、排版等除了本身的功能以外,在视觉上都成为平面设计的要素,功能主导逐渐转向审美主导,版式的布局有了更多设计意味。

(二) 图像应用的分化

图像表现方式产生了分化,其应用也可进一步细分,清末民初的石印图像应用领域十分宽广,品种丰富。

1. 新闻图像

石印画擅长描绘新闻事件和记述里巷杂谈,所以新闻时事画仍是石印图像主要的应用领域。继《点石斋画报》后,晚清出现大量石印新闻画报,规格形制和内容大同小异,虽各有侧重,但基本仍然是以写实的、描述性的绘画语言报道海内外新闻、新知和各埠奇闻杂谈,以及各种杂俎以吸引多元化的读者群。在摄影术被广泛运用于新闻报道之前,石印时事画是主要的新闻图像来源。

这批画报中较著名的有《时报星期画报》(上海《时报》馆于光绪三十二年创办)[①],内容刊载新闻时事风俗画,附有插图的笔记小说及名人画像等。《舆论日报图画》(《舆论日报》于光绪三十四年创办),《沪报新闻画》(《沪报》于光绪三十四年发行),《图画日报》(宣统元年创刊,上海环球社编印),用图画配以文字说明,多角度多层面地反映了20世纪初上海的社会生活和民间风俗,是近代唯一一种日报形式的画报。设有"营业写真""上海社会之现象""上海新年之现象"等栏目。《神州画报》(又称《神州五日画报》,《神州日报》社于1908年创办),每期为8开本,2页。内容有配合上海新闻、社会生活、国内外大事的时事新闻风俗画,也刊载政治讽刺画(即漫画),由漫画家马星驰任主编。

戊戌年间开始,民主主义革命声势高涨,呼吁民众觉醒,反对内外欺压,内容涉

---

① 《上海通志》第9册,上海人民出版社,2005,第四十一卷　报业、通讯、出版、广播、电视,第5855页。

及变法政论的画报不断涌现。1905年以后,资产阶级革命党人纷纷创办画报进行革命宣传,使画报图像趋于政治性,带有更浓厚的意识形态色彩,艺术家以图像来表达立场,干预时政。其中较著名的包括广州的《时事画报》(1905年在广州创刊,1907年一度停刊,1908年在香港复刊。由高卓廷主办,潘达微、高剑父、何剑士、陈垣等编撰,岭南派著名画师伍德彝、郑游等20余人曾参与绘画)。《时事画报》以"开通群智、振作精神"为宗旨,抨击时政,颂扬革命。此外,许多进步报社也纷纷创办自己的画报,随日报附送读者,如《民呼日报图画》(《民呼日报》社于1909年创办),《民吁日报画报》(《民吁日报》社于1909年创办),《民立画报》(《民立报》社于1910年创办),《天铎报附送画报》(《天铎报》社于1912年创办),《民权画报》(《民权报》社于1912年创办)等①。此类画报与所属报社步调一致,内容多为宣传革命,揭露清吏腐败无能,反对伪立宪和抨击社会的丑恶现象,并常以政治讽刺画为表现形式。

纵观这些后起的画报,我们注意到画面呈现两个截然相反的变化趋势:一类是明暗、透视等西洋写实手法运用得更纯熟,画面更接近摄影,并形成一定的地方特色;而另一类画报却反映出了石印图像的衰退,画面变得粗糙、局部化、概念化,缺乏特色,明显无法与新闻摄影抗衡。

前者以广州的《时事画报》为代表。《时事画报》主创者为同盟会会员,画报具有鲜明的政治主张,强调对时事新知的教育,以期扩大民众视野,鼓励对时局的关注。岭南画派主张吸取古今中外尤其是西方绘画艺术之长以改造传统国画,主要的三位画家都曾东渡日本研习西方绘画,所以该派画面特点为折中中西、融汇古今。《时事画报》沿袭了岭南派风格,作品运用了更多明暗技法,画面更写实,透视更准确,视觉效果更强烈,事件也交代得更具体,以尽可能写实的手法还原时事的真相(见图4-60)。画报的装帧也放弃了经典的长条册页式。但在画面变得"洋派"的同时,却有失中国绘画的线性特色,不像《点石斋画报》那样带有"古韵"。与此同时,北京的《醒世画报》《北京白话画图日报》等则形成北派的新闻画报风格,画面粗放、黑白强烈,多表现局部性,以表现人物为主,人物多处于前景,动作幅度大,

---

① 中华民国临时政府成立前后资产阶级革命党人在上海出版的报纸。1910年10月11日创刊。前身为于右任等办的《民呼日报》《民吁日报》。1911年7月中国同盟会中部总会在上海成立后,成为该总会的机关报。

鲜有大场面描绘,文字表述丰富,布局变化多,具有北方民间绘画特色(见图4-56)。这也成为大多数画报的风格,但在保持生动感的同时,粗放的画面逐渐变得粗糙,局部的生动刻画逐渐变成简单化的交代。后来的画报质量普遍下滑了。

图4-60 《时事画报》,清光绪三十一年正月(1905年2月)创刊

2. 插图

1) 文学插图

石印图像除了出现在时事报刊上,还被用作文学插图。

在晚清出现了一类谴责小说,这类小说内容广泛涉及当时中国社会的黑暗和丑陋的一面,极具批判意义。为了贴近民众,小说语言通俗,故事平民化,并常常配以插图,起到说明和美化的作用,这类插图就多为石印插图,充分发挥了石印图像在写实性和叙述性方面之所长。图像形式通俗易懂,表现内容贴近生活,这些特质使得石印图像成为谴责小说的最佳图像诠释。纪实性的石印图像与现实主义的连载小说,两者珠联璧合,针砭时弊,成为一种成功的模式。著名的例子包括《绣像小说》①《月月小说》②等。

另外，在晚清还出现了一些专门介绍海外风土人情的纪实性文章，文章中所描述的"海外胜景""奇风异俗"也需要配以石印图像以直观呈现所述内容。其中最著名的当属王韬的《淞隐漫录》以及《漫游随录图记》。

图 4-61 《淞隐漫录》单行本，清光绪十三年(1887年)，吴友如绘，王韬著

《淞隐漫录》为笔记小说，共十二卷。体裁和题材都仿照蒲松龄《聊斋志异》，其中包括关于日本艺妓和欧洲美女的故事。为"追忆三十年来所见所闻，可歌可愕之事，聊记十一，或触前尘，或发旧恨，时与泪痕狼藉相间"③。1884年秋—1887年附《点石斋画报》印行时，配有吴友如、田子琳绘制的插图，后有汇印本。其发行政策同于《点石斋画报》：随画报每期免费赠送，"书凡十二卷，阅者苟自卷首以迄卷终逐期裒集，绝不零落间断，将来抽出装订全书，是于阅画报之外，可多得一部新书也"④。通过图像吸引读者，并为将来的单行本刊印做准备。石印图像价廉，所以可以随报附送；图像格外精美，因此吸引读者，具备赠送的品质。这些插图是早期点石斋书局石印图像的优秀代表，与小说内容相得益彰(见图4-61)。

《漫游随录图记》则是纯粹的游记，同样由点石斋的画家张志瀛作石印插图。由于这是纪实文学，要求图像更真实严谨，画家秉承了《点石斋画报》的一贯作风，

---

① 文学半月刊，创刊于光绪二十九年(1903年)，李伯元主编，上海商务印书馆出版。
② 文学月刊《月月小说》，创刊于1906年11月1日，先后由汪惟农、吴趼人、许伏民、周桂笙主编，群乐书局、群学社先后发行。
③ 见王韬《自序》，载《淞隐漫录》，人民文学出版社，1983。
④ 见1884年6月26日《申报》上申报馆主人所撰的《第六号画报出售》。

图像表现得细腻精美,但由于画家并未迈出过国门,而是完全依据文字结合想象表现的,画中的一些不实和偏差便在所难免。国内的山河景象因通常有熟悉的范本或模式参考,往往表现得得心应手,至于境外景象则主要凭画家想象。我们可以看到画家试图将局部的严谨透视和全图的散点透视,局部的平视角度和全图的俯瞰视角,概念化的表现手法和全新的表现内容相结合,其结果是画面略显生涩,和谐度低(见图4-62)。意境和节奏等传统美学追求变得次要,艺术家的作画意图明确——把场景交代清楚,起到对文字的注解和补充作用。在此,我们可以比较早年同类游记小说的木刻本,看一下两者在图像上和艺术追求上的显著差异,如《鸿雪因缘图记》(道光二十七年刻本)、《花甲闲谈》(道光十九年富文斋刊)(见图4-63)。这类纪实文学中的石印插图既是对石印图像再现性功能的呈现,也是早期石印画家基于所掌握的石印技术对该功能的进一步探索和完善。作品再次表现出从传统图式的惯性表达到基于科学和观察的西洋再现性图像系统的过渡色彩。在这里可以看到在此过渡时期的石印画家在图像上的艰难探索历程,也隐隐呈现了石印图像在新闻和纪实方面的一些弊端,这将是石印图像最终为摄影图像替代的原因。

图4-62 《漫游随录图记》,清光绪十六年(1890年)刊刻,王韬著

(左图:图上对山、水、云、气的概念化表现同对西式建筑小心翼翼地写实呈现(虽然并不准确)相结合,产生一种奇特的效果。右图:远景的船只似乎在天上行驶,而没有中国山水画中那种深远和高远的意境,因为在前景中使用的是平视的西洋透视法,依据观看惯性,远景也应该在该透视线上,如果不是,看上去就是不协调。下图:图像显然有外来参考,表现得比较老到,并且是基本以色块和明暗来表达的)

图4-63 《花甲闲谈》,道光十九年(1839年)富文斋刊,张维屏撰

2）连环画

我们已经知道,石印技术使图像的叙述性和再现性功能得到加强,图像由过去文字的辅助和点缀,成为叙述故事的主角,在很多石印画刊上,文字成了图像的配合物,图文关系也变得灵活,根据图像的需要,文字的长短和出现位置都可以自由调整。甚至后来在画面上开口,填补对白(始于1921年)。又由于印制图像的成本大大降低,图像不再是文学作品的奢侈装饰,过去的绣像小说一章回只有一到两张插图,而现在一则故事可以由多幅画面来呈现,甚至每一回都插图,这在当时叫作"回回图"①。至于报刊上的连载小说,很多报刊在自己每期连载的简短文学作品上都配有画面,如《黄钟日报》的《金玉缘画册》(1913年),《婳嬹将军》和《神州日报》的连日刊载。连续性的文字转换成了连续性的画面。如将这些图画和文字合订起来,则形成了早期的"连环画"。据阿英调查,中国石印连环画的第一部书,是朱芝轩的《三国志》,由文益书局于1899年出版②。

相比较文学插图,这一类"连环画"式的石印图像更强调故事的冲突性和情节发展的连续性,通过绘画造型语言讲述故事。文学插图只表现主要情节,虽然连续的绣像集也构成完整故事,但仍需要穿插大量文字才能理解故事。但连环画则基本可以替代文字展现事件的全部经过和情节的起伏,文字只需在必要的地方加以说明,并根据图像的需要做删减或依照对图像的烘托或说明效果而加以改动。决定观众的理解和接受程度的是图像自身的表达,文字只是读图的辅助。

连环画是图像叙事的集中表现,凸显了石印图像的叙事性功能,并且很快成为一种为民众普遍喜爱的通俗读物。

3）漫画

由石印画报倡导的图像叙事开发了图像的许多独特功能,除了如何用图把故事讲清楚外,有些艺术家开始考虑如何用图来把故事讲得更生动有趣,于是漫画、讽刺画相应产生。这类作品常常通过夸张变形的造型,达到辛辣的讽刺效果,或调侃民生百态,或发表政治观点。目前公认最早见报的漫画作品是1901年1月5日

---

① 见阿英编著的《中国连环画史话》(中国古典艺术出版社,1957,第24页):"如光绪十年(1884年)刊印的'聊斋''今古奇观''三国''水浒''红楼梦',就是这种'回回图'最早的本子。"
② 同上。

刊登于《同文消闲报》①的《庚子纪念图》,而 1903 年 12 月 15 日刊登于《俄事警闻》创刊号上的《时局图》则是比较成熟的近代漫画。这类作品在清末民初的综合性画报及时政类画报上逐渐流行起来,很多画报专设漫画专栏,而一些漫画家也常常直接参与画报的编辑。如漫画家张聿光、钱病鹤、汪绮云等就经常为《民立画报》和《民权画报》制作漫画;张聿光的早期漫画出现在《图画日报》上;《神州画报》则直接由漫画家马星驰任主编等。

在后来的一些非石印刊物以及一些开始以新闻照片替代石印图像的刊物上,漫画仍被保留了下来,成为一类重要的图像,起到摄影所不能达到的讽刺效果。如《真相画报》(辛亥年间的综合性美术期刊,铜版印制,以摄影图像为主,1912 年 6 月 5 日第一期创刊,16 开本,由同盟会会员、岭南派画家高翁(奇峰)任编辑兼发行人在上海创办)就设有"历史画""时事画""滑稽画""时事摄影""名胜摄影"等栏目。由于该刊物的革命性,其绘画涉足时政的部分集中体现在它的"滑稽画"一栏。画报上便刊有马星驰、磊公、赣公、风雷、剑士、诛心等当时活跃的漫画家的作品。另外,如 1912 年 11 月 9 日创刊于上海的戏曲专业报纸《图画剧报》也分设游戏画、新闻画、戏画三大类。

与此同时,各类专门的漫画刊物也开始出现,如《滑稽画报》(1911 年 4 月 6 日创刊,由张聿光、钱病鹤、马星驰、丁慕琴(丁悚)、沈泊尘、汪绮云等共同发起创办,上海滑稽画报社编辑出版,16 开本),内容分故事、异闻、社会琐谈、世界大势,均用图绘之法表达。此可谓中国最早的漫画刊物。而 1918 年 9 月创刊,由沈泊尘编辑的《上海泼克》(又名《泊尘滑稽画报》)则是上海最早的中英文对照漫画刊物②。沈还担任《图画剧报》美术编辑,是其中戏画的主笔。

3. 画册

在商业出版机构,石印术很早就被用于翻印各类画谱、图册。19 世纪七八十年代,点石斋、蜚英馆、文明书局、有正书局、扫叶山房等先后以石印出版《耕织图》

---

① 《字林沪报》附刊。初名《同文消闲报》,继改《消闲报》,复改《消闲录》。光绪二十三年十一月一日(1897 年 11 月 24 日)创刊于上海。见海德堡大学(Heidelberg University)网站资料,http://www.sino.uni-heidelberg.de/xiaobao/index.php?p=bibl.

② 《上海通志》第 9 册,上海人民出版社,2005,第四十一卷 报业、通讯、出版、广播、电视,第 5855 页。

《尔雅图》《帝鉴图说》《历代名媛图说》《王墀红楼梦图咏》《费丹旭红楼梦人物图》《三希堂墨宝》《芥子园画谱》等。石印技术使得这些常年深藏内府或为精英阶层独占的绘画珍品得以大量复制，流通民间，使普通百姓一饱眼福。

与此同时，新一代石印画家也创造出一批新型石印图画，著名的有《申江胜景图》《吴友如画宝》等。这类作品就画面精工程度，造型语言的成熟度等都堪与《耕织图》《御制圆明园四十景诗》等殿版木刻画精品相媲美。殿版《耕织图》等作品是由内府斥巨资，由著名画家和著名刻工合作完成的巨制，代表了清代木刻画的最高水平，在材料和品质上当然是民间出版机构无法企及的，可以说没有任何民间雕版书局能够独立完成这样的订制。正是由于石印术的运用，使得新的画册在制作周期和制作程序上得到简化，不再依赖刻工，因而投入资金大大减少，而作品的质量则几乎完全依靠画家的造诣。这样，石印书局只要集中资金聘请到绘画能手，便能创作出新的精美图册，而简单的复制步骤就能使图册大量生产，使得作品在维持高艺术水准和品质的同时在价位上也更平民化。同时，一些颇有才气，但名不见经传的艺术家也可以通过其作品的批量生产和广泛传播而很快建立声名，而声名又能带动新一轮作品的热销，反过来帮助书局扩大收益。点石斋书局和其"御用"画师吴友如的成功合作便是最好的例子，《申江胜景图》为这种合作迈出了成功的第一步。

《申江胜景图》由点石斋书局发行于1884年，由吴友如绘制。该年正好是《点石斋画报》的创刊年，这一举措大有为石印画和画报做广告的意思，吴友如的精湛技艺也使发行方有信心将其一举捧红，而事实证明这确实是一次成功的艺术创作和商业策略。《申江胜景图》的高品质和平民价位为点石斋石印书局建立了声誉，石印画的面貌为人们熟知和接受，为《点石斋画报》及其后的一系列石印画的顺利发行打下了基础。而吴友如也一举成为名噪一时的时事画家。

《申江胜景图》绘图六十二幅，分上下两卷，表现的是上海这个十里洋场的各色重要场景，内容包括新式的建筑、交通工具、娱乐场所及异国民俗等，表现了这一新兴繁华都市的人文景观。作品秉承吴友如的一贯风格，笔法细腻，场面宏大，人物众多，细节精微，中西法结合，由透视和明暗得当的写实感中保留了十足的线性韵味，而这样的细腻画风过去只能在殿版或交付海外制作的铜版画上才能看到。这样的作品使得普通百姓以可接受的平价就能购进一部自己的精美图集,拥有过去只有精英阶层才有资格享受的对艺术品把玩品鉴的文化生活。

这类石印画册在价位上比精印木版画集有优势;在画面质量上又比民间木版装饰画有优势;在表现内容上更贴近民众,又比小说绣像集有优势,因而很快占领了印刷图画市场。

4. 广告画

基于石印图像的几方面特点,商业广告是石印图像的另一个重要应用领域。

广告画需要具备几个要素:首先,写实性。在商业摄影尚未普及前,广告画是向消费者直观地介绍商品的唯一途径,是商品文字描述的图像说明,画面必须把要介绍的商品描述清楚,不能含糊,美学方面的修饰也是为了加强留给消费者的印象。其次,图文混排。广告必须有文字说明,文字必须由图画呈现,图与文要合理搭配穿插,明确图像的表达意图。再次,设计感。要调动多种造型手段,包括线条、明暗、疏密、节奏、装饰感和构成感等,使画面活泼而富有吸引力,字体和位置以及和图像的协调性也是考虑内容,漫画式的夸张和变形也是广告画的常用手段。总之,商业广告画的形成必须基于自由开放以及多样性的图像语言,而这正是石印图像的特点。

随着商业的发展,以及彩色石印技术的出现,后来的广告画种类日渐繁多,包括招贴、海报、商标、火花、月份牌等,这些产品充斥着都市人的生活,石印图像进一步泛滥(这部分我们将在后文具体介绍)。

看图和鉴赏是一种美育过程,是对审美趣味的培养和观赏角度的建立。随着石印图像的流行,石印画特有的中西合璧、新闻纪实性的图像形式成为一种流行风格,人们逐渐开始习惯于通过石印画家观察生活的眼睛和表现生活的手段去认识所处的时代,并由石印图像所传达的信息左右个人的判断,就像新闻和广播等现代媒体所做的那样。石印图像因其信息承载力和直观性使得阅读图像成为获取信息的有效渠道,阅读图像成为城市居民的一种生活习惯。人们看图的方式逐渐由过去的纯美学鉴赏角度转变为一种信息阅读,这样的要求反过来也使得石印图像进一步加强了其纪实和叙述功能。

第五章

石版印刷术在中国的发展及影响

　　石印技术的运用和推广对清末民初中国社会的影响是多方面的,本章将选择三个主要领域对其加以讨论。它们分别是新闻传播领域、商业领域和教育领域。

一、新闻传播领域——促进近代新闻业的发展

　　在新闻传播方面,石印技术扮演了重要角色。因其在编辑和印刷方面的优势,如快捷、灵活、价廉等,在强调时效性的新闻传播领域大显身手。尤其在政论性小报、传单和图像新闻领域,石印技术优于铅活字技术。因而,石印技术在新闻领域的应用对于清末民初西方近代民主思想的传播、知识阶层思想观念的交流和政治立场的阐明、市民阶层对于时事的了解和新闻阅读习惯的养成等起到了积极作用。

　　按发展顺序,石印在新闻领域的应用是从画报开始的,随后才应用于政论性小报和政治传单(早期的石印术也被传教士用于印制教会宣传册,也可以算作一种承载信息的传单)。

　　石印画报开创了图像新闻的先河,它在形式(副刊、随报附赠)和内容(海外新

闻、外埠新闻、本埠新闻、新学、奇闻、杂谈等)上都是大报的补充。在新闻摄影还不普遍的时候承担起了对新闻事件进行图解的重要任务,并且以其通俗易懂的亲民的图像形式将对于新闻和新知的关注由知识阶层扩展到更广大的普通市民阶层,包括妇女和文盲半文盲人群,加速了中国近代新闻出版业的建构和都市文化的形成。这一节仍将着重以《点石斋画报》为例,另外涉及一些19世纪末到20世纪初的几种在图像新闻方面具代表性的其他石印画报,分析石印新闻画在形式和内容上的发展和变化及其背后的原因,以及其对后起于民初的新式画报的发展的启蒙作用。

石印小报的大量出现则是戊戌年间新闻出版界的一大特色,这与该特定时期知识界思想交锋频繁,社会变革呼声高涨,以及各类政党社团的积极活动有关。而之所以采用石印技术来印制小报,与石印的快捷、价廉、材质规格及灵活的版面设计和文字编辑功能有关。这类小报在民主主义革命时期扮演了重要角色,成为新思想、新文化广泛传播的载体,对该时代行将发生的社会巨变起到推波助澜的作用。

(一) 石印新闻画——补充文字新闻

石印技术在新闻领域的最大贡献自然就是新闻画了。新闻具有时效性和叙述性,与之相匹配的印刷图像系统也必须具备两方面功能:一是能对事件快速做出反应,二是能以图像形式具体再现新闻事件。在新闻摄影广泛运用前,石印图像与字报形成最佳组合。这些石印图像适时地补充文字内容,有些新闻事件,单纯通过字面描述不够生动,配合图像,则能给读者以直观感受;而对于新兴事物的告知与推广,更需要借助图像的注解,才能给读者还原一个具体形象。

石印画与字报的配合主要有两种:混排于报纸文字中的插图和单独另列的时事画报。

1. 字报插图

早期报纸通常只有文字无图像,或罕有图像。1821年5月的一期《察世俗每月统计传》上刊登的图画新闻《事痘娘娘悬人环运图》,报道了马六甲东街祭祀痘神的情形,是为中文期刊上最早的新闻图画①。1863 年 6 月 13 日《上海新报》第一九五号所刊出的广告中有画有船只的图画,这是上海中文报刊上最早出现的图片。而《上海新报》于 1871 年 2 月 28 日刊出的《上海新关图》,可称作最早出现在我国报刊上的新闻图片。

而且,这些少量的图片也并非依照其刊物特点专门请人绘制的,很多情况下是编辑借用或抄袭其他杂志或外国报纸上的现成图像。如同治七年(1868 年)《上海新报》改版后,刊印了一些介绍西方各种图具和推销这类商品的广告,这些图片就是从英国寄来的西式镂刻铜版画。又如 1884 年 4 月 18 日创刊于广州的石印报纸《述报》中的许多图像都是从《点石斋画报》上抄袭的②。这种情况的出现主要由两方面原因造成:一是图像的制作比文字编辑更复杂,费工费力,一般书局社如果在资金和技术上较弱,又没有美术人员,便无法做到。另外,将图像插入文字,需要对版面的设计和预想以及各种印刷技术的配合,石印技术虽然已经在部分书局运用,但对图像的体裁和版式规定仍然局限于传统框架中,无法充分发挥其石印制作上的灵活性,在一张纸面上进行多种印刷技术的配合仍然有难度。正因为此,这一时期的新闻图像往往会滞后于文字,或无法与所报道新闻相配合。

只是到了辛亥革命前后,随着印刷技术的精进,摄影术的运用,石印图像形式的丰富,以及多种印刷工艺配合方式的改进,在文字中插入摄影、广告、漫画等新闻图像形式才变得普及。

2. 时事画报

晚清石印新闻图像的主要表现形式为画报,这是一种特殊的新闻图集,其发行方式显示了其内容的新闻性。

画报属于一种报纸杂志,报纸杂志与大报相关联,带有新闻性,内容或为对大报报道的主要新闻的补充和评述,或是对相对次要的新闻事件或杂谈趣事的记述。而画报就是通过图像来担当此任务,并且利用图像的优势,反映文字所无法涉及的内容,并产生特别的视觉新闻效果。

主要的画报多与新闻报馆相关,或随报赠送,或为报馆的副刊,事实上就是在

---

① 陈力丹著:《世界新闻传播史》,上海交通大学出版社,2007,第 283 页。
② 陈平原著:《左图右史与西学东渐——晚清画报研究》,三联书店(香港)有限公司,2008,第 15 页。

以图像的形式辅助报道字报的内容,并补充字报无暇涉及的更多元的领域。如《点石斋画报》由申报馆发行,随《申报》附送,《沪江书画报》附设于字林沪报馆,《青楼画报》随《海上奇闻报》附送,《生香馆画报》随《新闻报》附送,《时报插图》和《时报·丙午星期画刊》随《时报》附送,《民呼日报图画》之于《民呼日报》,《民吁日报画报》之于《民吁日报》,《民立画报》之于《民立报》等。画报的内容和报道风格也与相关大报一致。而自立门户的专门画报馆的主创人员也多与正规报馆有各种各样的关联。如著名的独立画报《飞影阁画报》就是《点石斋画报》的主笔吴友如离开申报馆后自创的,在内容和形式上沿袭了《点石斋画报》的风格。而到了20世纪初,更出现以图画为主的日报,如《图画日报》,图画被用来直接报道每日新闻事件。

从出版形式上看,画报以图为主,文为辅,几乎可以说是图像的集锦,而且通本使用石版印刷。这样,也就绕开了图文混排以及多种印刷技术相配合的技术难题,省却了字报插图所面临的麻烦。

画报为石印新闻画的主要表现形式,是办报人和石印画家以图像导入新闻的尝试,培养了民众新的图像阅读习惯,集中体现了石印图像的视觉功效。我们将对这部分做重点分析。

1) 晚清石印画报的产生

(1) 外来因素。在《点石斋画报缘启》(1884年)中,美查提到"画报盛行于泰西",并且"中国之报纸已盛行而画报则独缺"。这则声明说明两点:一是画报这一概念来自西方,二是在19世纪末,画报已盛行于西方。所以,中国的画报是舶来品,是一类以图像为主的西方报纸杂志在中国的移植,是现代新闻产业的一种。这就决定了画报的性质:画报必须先有"报"的性质,再有"画"的表述。作为新闻图像,画报的画需具备新闻性、时效性、叙事性和纪实性等功能。

石印在图像制作方面的灵活、廉价和快捷使其成为印制画报的最理想技术。

(2) 本土因素。晚清画报在某种程度上又是中国传统木版画(主要为书籍插图)在新时代的转换,画报所关注的部分内容(特别是市井传奇、里巷杂闻)、画报的版式规格、发行对象和社会功能等方面与绣像小说及更具民间性的木版年画有共通性。有关这一点,在第二章中已经有所论述。

所以以《点石斋画报》为代表的中国石印画报"一半是仿外国画报,一半是仿传奇小说前的插图"①。

2)晚清石印画报的发展阶段

(1)早期。早在《点石斋画报》出现前,市面上已经存在一些以图叙事的早期图画杂志,可谓画报的初期样式,被阿英归结为"第一时期的画报"。它们依次为:上海清心书院于 1875 年推出的《小孩月报》(*The Child's Paper*)②③,《申报》馆于 1877 年到 1880 年推介和销售的五期《瀛寰画报》,清心书院于 1880 年始刊的《画图新报》(*Chinese Illustrated News*)④,另外还有中国教书会于 1880 年创办的《益画新报》,由美国传教士林乐知所创办的《教会新报》(1868—1874 年)中的一个系列——《圣书图画》,也可算作一种早期图画杂志。

只是这些图文并茂的早期杂志在很多方面还不符合严格意义上的画报。首先,图像不具备新闻性。如《小孩月报》,实系一种文字刊物,附加插图,目之为画报,是不大适当的。《瀛寰画报》内容,也只是些世界各国风土人情的记载,缺乏新闻性⑤⑥"。这些局限性主要是由于印刷技术的滞后,因为按传统图像印刷工艺,需要先绘制图像,再据以木刻或镂以镂刻,因而仰赖的工种差异大,图像质量不能保证,印刷速度慢,

---

① 朱传誉著:《报人 报史 报学》,台湾商务印书馆股份有限公司,1985,第 111 页。

② 见郭舒然、吴潮著的《〈小孩月报〉史料考辨及特色探析》(《浙江学刊》2010 年第 4 期,第 100 - 101 页):"根据范约翰编撰的《中文报刊目录》记载,1874—1875 年间,在中国大陆先后出现了三份名为《小孩月报》的同名报刊,其一是 1874 年 2 月创刊于福州(笔者称其为'榕版')的《小孩月报》(*The Children's News*)……其二是 1874 年 2 月创刊于广州(笔者称其为'穗版')的《小孩月报》(*The Child's Paper*)……其三是 1875 年 5 月由范约翰在上海(笔者称其为'沪版')创办的《小孩月报》(*The Child's Paper*)……真正在传教士中文报刊和中国儿童报刊发展史上产生过较大影响的,是范约翰主办的沪版《小孩月报》。"
见陈平原著的《左图右史与西学东渐——晚清画报研究》(三联书店(香港)有限公司,2008,第 54 页):"1875 年在上海创刊,内容包括诗歌、故事、博物、科学知识等,插图用黄杨木刻,印刷精良。"

③ 见陈玉申著的《晚清报业史》(山东画报出版社,2003,第 13 页):"1874 年发刊于广州,美国传教士嘉约翰(John Glasgow Kerr)创办,次年由范约翰接办,移至上海出版,清心书院发行。"

④ 见陈平原著的《左图右史与西学东渐——晚清画报研究》(三联书店(香港)有限公司,2008,第 54 页):"上海圣教会编的《画图新报》,1880 年创刊于上海,内容着重介绍西方文明及科学知识,所用图像大都为英、美教会早年用过的陈版,近乎'废物利用'。"

⑤ 见《申报馆书目》(载《晚清营业书目》,周振鹤著,上海书店出版社,2005)中对此画报的介绍:"《瀛寰画报》一卷是图为英国名画师所绘,而缕馨仙史志之。计共九幅,一为英古宫温加士之图,规模壮丽,墓址崇闳,恍亲其境;二为英国太子游历火船名哦士辨之图,画舫掠波,锦帆耀目,如在目前;三为日本新更冠服之图;四为日本女士乘车游览之图,人物丰昌,神情逼肖,仿佛李龙眠之白描高手也;五为印度秘加普王古陵之图,与第一幅同为考古之助;六为英国时新装束之图,钏环襟袖,簇簇生新;七为印度所造不用铁条之火车图;八为火车行山洞中之图,巧夺天工,神游地轴;另为中国天坛大祭之图,衣冠肃穆,典丽崇皇,此纸篇幅较大,不能订入,故附售焉。阅之者于列邦之风土人情,恍若与接,为搆不仅如宗少文之作卧游计也。"

⑥ 阿英著:《中国画报发展之经过》,载《晚清文艺报刊述略》,古典文学出版社,1958,第 90 - 91 页。

发行周期长,内容自然无法像字报新闻那样"与时俱进",积极报道最新事件。所以,这些早期的图画刊物只能算作一种娱乐杂志,还不是新闻性的画报。其次,刊物流行度低。由于制作周期长,多为月刊,或不定期发行,印刷数量少[①];制作成本高,售价不菲[②];又因图像多出自西人之手,所介绍现实性内容也多来自域外,形式和内容对于国人来讲过于陌生,无法产生共鸣等。

在形制和规格上,这类早期的图画杂志沿用了同时期中文报刊的样式,采用传统中国书籍的线装册页式,印刷方式则依照各印书坊实际条件而手段各异。《小孩月报》初期用黄杨木刻插图,后用铜版,连史纸铅印,黄纸封面,32开本[③]。《瀛寰画报》使用石印对所购得的西洋图像进行单色复制,连史纸印刷[④],一页画,一页文,16开本。《画图新报》制图用镂版,使用连史纸铅印,每期第一页为大幅的黄杨雕刻版插图,另有彩色图画随刊附送,16开本。这样的形制基本被后来的画报所沿用。

(2) 盛期。公认最早的成熟形态的画报无疑是开创于1884年5月8日的《点石斋画报》,完全符合阿英所提出的对于画报概念的定义,即新闻性和采用石印技术制图。

《点石斋画报》为旬刊,逢三出版,16开本,每期图8幅,连史纸石印,从1884年到1896年底,共出36卷,473期,共刊出四千余幅带文图画。主要依据《申报》刊出的国内外社会新闻有关政治、经济、军事、文化、社会生活、风俗人情等内容创作图画,画面上配以浅近的白话文就画面涉及内容作简单评述。真正做到了"图""报"结合,以图叙事。

《点石斋画报》创刊号上有一段美查所撰的缘启:"画报盛行泰西,盖取各馆新

① 见《近代"启蒙第一报"——〈小孩月报〉》《出版广场》,邓绍根著,2001年第6期,第29-30页);"《小孩月报》每期仅销售约2千本……";《瀛寰画报》第二卷印制了一万多张……见1879年11月10日《申报》上刊出的"《瀛寰画报》第二次来华发卖"的启事:"在英出版之《瀛寰画报》,于今年四月间邮寄上海申报馆代销之英国画八幅,共一万多张,现已售去甚多。"但该画报总共只断续出了5卷,且多数时候销量不佳,见《阅画报书后》,见所习斋主人,《申报》1884年9月19日:"画报之行,欧洲各国皆有之。曩年尊闻阁曾取而译之,印售于人。其卷中有纪英太子游历印度诸事,与五印度各部风尚礼制之异同,极详且备。乃印不数卷,而问者寥寥……"
② 《小孩月报》8页,售价1角5分,《瀛寰画报》8页,售价1角,而《点石斋画报》8页,随报附送,申昌书局,售价5分。
③ 胡从经著:《晚清儿童文学钩沉》,少年儿童出版社,1982。
④ 见《上海通志》——美术期刊,http://www.shtong.gov.cn/node2/node2245/node73148/node73152/node73207/node73216/userobject1ai87043.html.

闻事迹之颖异者,或新出一器,乍见一物,皆为绘图缀说,以征阅者之心,而中国则未之前闻……仆尝揣知其故,大抵泰西之画不与中国同……要之,西画以能肖为上,中画以能工为贵。肖者真,工者不必真也。既不皆真,则记其事又胡取其有形乎哉……近以法越搆衅,中朝决意用兵,敌忾之忧,薄海同具。好事者绘为战捷之图,市井购观,恣为谈助。于以知风气使然,不仅新闻,即画报亦从此可类推矣。爰倩精于绘事者,择新奇可喜之事,摹而为图。月出三次,次凡八帧。俾乐观新闻者有以考证其事,而著余酒后,展卷玩赏,亦足以增色舞眉飞之乐……"通过这段文字可以了解该画报的创办宗旨:以图画为媒介,以新闻为着眼点;图像须"能肖",具备叙事功能,所涉新闻和时事须满足普通民众的兴趣点。由于不同于字报,画报的图画占首位,所以画报社聘请了当时已小有名气的吴友如担任美术主笔,并先后聚集了一批优秀的画师参与创作,形成类似现在的美术编辑室(当然,这是一种松散的合作组织形式,许多画师也同时为其他客户服务)。为《点石斋画报》绘制图像的画家包括:张淇(志瀛)、周权香、顾月洲、周权(慕桥)、田英(子琳)、金桂生(蟾香)、何明甫(元俊)、金鼎(耐青)、戴信(子谦)、马子明、符节(艮心)、贾醒卿、吴子美、李焕尧、沈梅坡、王剑、管劬安、金庸伯、葛尊龙、王钊等。有了这样一支规模庞大又稳定的创作队伍,《点石斋画报》再也不必像先前的图画杂志那样需要到处搜罗废旧铜版或购买海外图片,因而确保了《点石斋画报》所出图像能够贯彻美查关于时事画的叙事性要求,并且能够维持一个较高的水准和统一面貌,开创了一种融合中西画法的中国时事新闻风俗画的一代流派。围绕画报,也逐渐形成了一个时事新闻风俗画家群体,并且随着画报的广泛传播,此类图像深入人心,并引起类似刊物的模仿。

《点石斋画报》有明确的办报宗旨,又依托点石斋石印书局工厂规模的硬件支持,雇请职业画师,并且配合申报馆的一系列有意识的营销策略[1],形成井然有序的设计、生产和销售链。工业化的生产和商业化的运作,使产品成本降低,产量提高,

---

[1] 见陈平原著的《左图右史与西学东渐——晚清画报研究》(三联书店(香港)有限公司,2008,第58页):"除最后两年,每号画报出版,《申报》上都有宣传文字;刚创刊那几期,精心撰写的'广告文章'经常连续十天占据头版头条。"《点石斋画报》创办的同一年,点石斋书局发行吴友如的石印图集《申江胜景图》,想必也是一种对石印图像的推销策略。

周期缩短,贴近民众。《点石斋画报》取得了巨大的成功,在销量上,远远突破"第一时期的画报"的业绩。"曩年尊闻阁曾取而译之(指《瀛寰画报》),印售于人……乃印不数卷,而问者寥寥,方慨人情之迂拘,将终古而不能化。而孰意今之画报(指《点石斋画报》)出,尽旬日之期,而购阅者无虑数千万卷也。噫,是殆风气之转移,其权固不自人操之,抑前之仿印者为西国画法,而今之画则不越乎中国古名家之遗,见所习见与见所未见,固有不同焉者欤?[①]"

《点石斋画报》的成功引起后来者竞相效仿。一时之间各大城市的各主要报社书馆纷纷推出了自己的石印画报,在图像和规格上都仿照《点石斋画报》。如《飞影阁画报》《舆论时事报图画》《时事画报》《申报图画》《图画日报》《旧京醒世画报》等。同《点石斋画报》一样,许多画报附设于报纸或随报赠送,如字林沪报馆的《沪江书画报》,《海上奇闻报》的《青楼画报》等。更有新闻报馆一馆发售三种画报:《飞云馆画报》(光绪二十一年,1895年创刊,旬刊)和《飞云馆画册》(光绪二十一年,1895年创刊,月刊),以及《舞墨楼古今画报》(光绪二十一年,1895年始刊,旬刊),可见画报受欢迎的程度以及针对不同读者群的分流,以画为报的形式已进入成熟阶段。另从90年代开始,报社还开始赠送单页的精印画报[②]。从19世纪末到20世纪初,石印画报迎来了全盛期,"据统计,辛亥革命以前全国共出版画报约70种,而上海达30多种"[③]。

(3)后期。石印画报之所以流行,是因为该技术能够快捷有效地记录最新的新闻事件,以图像解说时事新闻,以图像补充字报内容。到了19世纪末,随着铜版、锌版印刷技术得到改良,成本降低,新的图像制作技术逐渐取代石印。另外,更重要的是摄影术的应用和推广,就真实性和快捷性来讲,摄影无疑是最佳的新闻图像记录者,很快,比石印图像更为直接的新闻摄影图像被各大报馆采用。

1907年11月,国内出现了最早的由国人自办的摄影画报《世界》。该画报由李

---

① 《阅画报书后》,见所见斋主人,《申报》,1884年9月19日。
② 见吴果中著的《中国近代画报的历史考略——以上海为中心》(《新闻与传播研究》2007年第2期):"新闻纸逐日附送画报单页之风最初在上海盛行,1893年11月,《新闻报》开其端。之后,竞相仿制,《申报》《民立报》《民权报》《时事新闻》《神州日报》等都附有光纸石印的画报,渐次开拓了中国近代画报石印时代的新气象。"
③ 同上。

石曾于巴黎印制后运回上海发行。季刊,8开本,用重磅道林纸彩印,间以三色版,彩色石印封面,每期刊载照片100幅左右,配有文字说明及其他专文。内容"半数以上为世界各地的风景名胜、科学技术、文化生活作品和时事照片"[①]。《世界》画报所用的印刷方法是当年十分先进的凸版印刷,画面精美,富丽异常,在当时的亚洲具领先水平。著名画家张光宇认为,《世界》画报初次发行时,不用说在中国是属于空前的创举,即使在印刷业进步甚速的日本,也没有那样精美和豪华的类似性质的画报出现。以这样的规格和姿态出现的摄影画报无疑对当时的石印画报是巨大的冲击。

随着摄影技术的发展和摄影技术社会认同度的提高,以及辛亥革命胜利,时局风云变幻导致新闻业的勃兴,1912—1937年间,中国出现了一大批摄影画报,在"1935年竟达到235种之多"[②]。摄影图像在新闻纪实领域和艺术时尚领域的作为也将摄影画报逐渐分流为两大类,一类是以《真相画报》为代表的新闻时事型画报,另一类是以《良友》为代表的综合型画报。这些画报无论是技术、观念、内容、形式都已经属于新式现代画报范畴了,19世纪末风靡一时的石印画报则逐渐沉寂。

3) 晚清石印画报的形制

典型的晚清石印画报在形式上带有明显的"中国特色",这特色在第一眼就是由版式和装帧表现出的。这与石印技术、印刷材质、雕版书的版式传统等各类因素有关。

(1) 技术因素。石印画报是一种商业性出版物,基本随报附送,也算是一种广告投资,因而商家必然会考虑如何在技术限制下尽可能降低开销以达到最大收益,成本核算决定了商家对印刷材质和装订技术的选择,也是形成画报最终面貌的重要因素。

石印技术在印制图像方面比铜版、雕版等有明显优势,自然被报社采用。画报

① 方汉奇著:《中国新闻事业通史》(第一卷),中国人民大学出版社,1992,第1005页。
② 吴福辉著:《漫议老画报》,《小说家》1999年第2期,第97页。

用的石印器材多为进口。标准手摇石印机通常长、高为 120～130 cm,宽 60～75 cm①。与之相配的石版产自德国,为 6～7 cm 厚的专用石灰石②,有一系列固定幅面尺寸：80 cm×60 cm、60 cm×48 cm、54 cm×38 cm、40 cm×28 cm 等③。印刷用石版多数为对开,即 80 cm×60 cm 的规格。在固定尺寸的石版上印出的统一的页张就像在统一规格的木版上镌刻印刷的书页,便于册页装订。

石印画报使用的纸张为一种以毛竹为原料的手工纸——中国连史纸(当时许多中文报纸也使用这种纸张,如《申报》)。清代最著名的连史纸是铅山连史纸,其规格为 1.8×3.2(市尺),相当于现在的 60 cm×110 cm。连史纸因其纸质洁白、柔软精细、薄而均匀、防热耐久,历来用以印制书籍、碑帖、契文、书画等,但缺点是比较薄而透明,所以只能单页印刷,采用线装书的方式对折装订。

雕版书籍尺寸由木版尺寸和纸张尺寸共同决定,也有对既往通用规格的沿袭,而石版印刷品则在版子上没有太多限定,石料提供了宽裕的制作余地,所以产品尺寸主要取决于对特定规格的原始纸张最少浪费的合理剪裁。《点石斋画报》为 16 开,25 cm×15 cm 左右④,跨页展开接近正方形,这应该是最省料的印法,保守计算,一张连史纸可以印 16 页而没有过多边料损失。对于图像来说,这样的大小也比较适中,便于随手把玩端赏,对于《申报》馆的发行策略来说,也便于夹带在《申报》中随报附送⑤(《申报》,每版宽约 25 cm 余,在每两版之间中褶,成书册式)。

(2) 继承和借鉴。《点石斋画报》是石印图像的集成,也是时事新闻的补充,其版式属于一种晚清特有的"册报"形式,类似于书籍,便于翻阅。这种版式的由来需分两类型考察：一是传统雕版书籍的版式,二是晚清新闻纸的版式。

类型一：雕版书籍的版式

雕版印刷是中国古代的主要印刷工艺,最初用于印制宗教图像,如佛经中的扉

---

① 台湾国防大学理工学院提供的手摇石印机规格为 130 cm×75 cm×115 cm;瑞金中央革命根据地纪念馆的金属手摇石印机长 120 cm,宽 61 cm,高 120 cm;另有记载石印机通高 123.3 cm,长 119.6 cm,宽 73.5 cm。
② 徐志放著：《我国彩色图像平印制版的历程》,《印刷杂志》2006 年第 4 期,第 78 页。
③ 苏新平主编：《版画技法(下)》,北京大学出版社,2008,第 306 页。
④ 拍卖市场上所见的《点石斋画报》所标尺寸有 26.1 cm×15.1 cm,23 cm×14 cm,24.6 cm×15.8 cm,25 cm×16 cm,20 cm×12 cm,24.5 cm×14.5 cm 不等。
⑤ 《申报》的规格为 30 cm×30 cm。

画等,后逐渐推广到文字领域,于是产生了雕版书籍。在经过千余年的发展,雕版印书工艺已相当完备,包括制版、誊写、镌刻、印刷、装订等一系列工艺组成,各个环节紧密相扣,工艺和材料彼此制约,每一道工序的叠加决定了书籍的最终面貌。

　　手工造纸技术决定了中国纸张的基本规格,对纸张的合理裁剪决定了书籍的基本形制和规格,也决定了版子的规格。雕版用的版子一般制成 2 cm 厚,30 cm 宽,20 cm 高的长方形梨木或枣木雕版,这尺寸最合理地适应了书页大小(后来的清末报刊也基本接近这个规格)。随后用中国毛笔和中国墨以适于刻印的专门字体(往往是宋体)誊写所需印制的文章或绘制画稿,此为写样。这种写样用纸有固定格式,基本与成书格式一致,纸上"用红色印制行格,称为'花格',两行之间留有空白,每行三线,正中有一中线,作为每行之中准"[①],并留有"天头"用以校对。然后把这种薄的稿纸粘贴在木版上加以转印。刻版则遵照写样所用"花格"的规范,在木版上镂刻文字和图像。随后将文字和图像转印到连史纸、毛边纸或宣纸上。雕版印书技术被广泛使用之前,手抄书籍的开本和制式即已成形,雕版印书工艺根据技术特点对成书版式进一步调整并规范化,使传统版式成为一种固定模式,以便批量生产。书籍的规格经由每一道工序被固定下来。如每一单页包括版框、界行、行款、版心(版心有鱼尾、象鼻)、天头、地脚、书耳;正文首页有小题指篇名,大题指书名;序目之后或卷末镌刻有关刻书家信息的版记;书册最下端的侧面部分刻有书根,表明书名、卷册数等(见图 5-1、图 5-2)[②]。印刷好的单页的格式决定了下一步的装订方式,线装书是基于雕版印刷技艺的最合理有效的书籍装帧形式。通常是将单页印刷的书页中有字的正面沿版心正折,书口向外,后背用书衣包裹,或打孔穿线装订。

　　由于"重文轻图"的传统文人观念,图像在雕版印书中也处于从属地位,其格式与文字同一。绣像本图多为半页(即半个版子大小,呈长方形竖构图)(见图 4-46、图 5-3),偶有跨页,图版上有与文字页相同尺寸的版框、天头、地脚等规范。若一张画占两个幅面,则在中间折叠处不以版心分割(见图 5-4)。

---

① 杨永德著:《中国古代书籍装帧》,人民美术出版社,1982,第 225 页。
② 韦力著:《古书的版式与装帧》,《收藏》2007 年第 9 期。

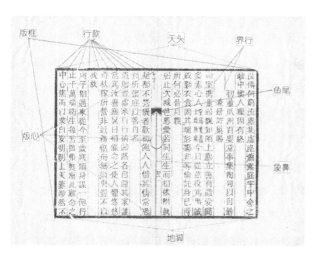

图 5-1 版式

图 5-2 版记

图 5-3 《新刻全像三宝太监西洋记通俗演义》二十卷一百问,明万历年间(1573—1619 年),金陵三山道人刊本

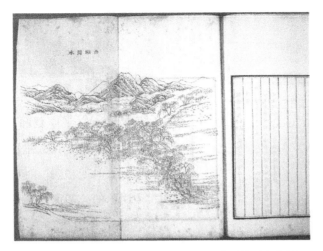

图 5-4　《鸿雪因缘图记》,清道光二十七年(1847 年)刻本,完颜麟庆撰

这样,雕版印书的版式和装帧通过大量的复制和流通逐渐成形并完善,最终形成固定模式,表现为特有的纵长横短的长方形册页形制的中国雕版书籍(最常见的是线装书,通常尺寸为 16 开或 32 开),并逐渐发展出一套相应的装帧文化[①]。无论是经典的经史子集,还是通俗的绣像小说,以及纯图像的画谱,都以这种方式装帧(见图 5-5)。基于模仿雕版书籍的石版印刷品也多沿袭了这样的版式(见附录 7)。

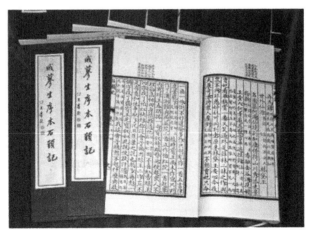

图 5-5　线装书

---

① 杨永德著:《中国古代书籍装帧》,人民美术出版社,1982,第 123 页。

图 5-6 《京报》，清顺治至光绪刻本

类型二：晚清新闻纸的版式
——字报的版式

书报本同源，人类社会首先有书籍，后来才有了专门记述时事、新闻的报纸。最初的报纸在文字体裁和装帧排版形式上和书籍几乎没有什么差别，尤其在手抄书和手抄报时期，这种相似性并没有随着新式印刷术的应用而改变，如中国清代的邸报版面就和书页的版式无大区别（见图 5-6）。"在西方，也是直到人们发明了以蒸汽为动力的印刷机后，为适应机器的规格和印刷工序，报纸才开始出现相对独立的自己的版式①。"

到了晚清，报纸、杂志和相应的新闻意识传入了中国。当时的多数中国人还没有读报的习惯，报纸主要是为在华外国人准备的。后来，出于教会吸引教众和传播西学的需要，才逐渐将之推广到普通市民中，读报的人群随之迅速壮大，阅读报纸也很快成为几个通商口岸普通市民日常生活的组成部分。作为舶来品，报纸这样的新事物在一开始也需以旧瓶装新酒，才能消除陌生感。在 19 世纪上半叶清廷"禁教"时期，伦敦教会的米怜、马礼逊等人即在马六甲发行中文报刊，这些报刊如《察世俗每月统计传》《特选撮要每月纪传》就放弃了英国本土报纸的版式，而是采用了中式的经折装或线装的形式，封面和书页也设计得极具中国特色，类似中国的传统官报——邸报，以吸引中国读者，这也可算作这些西方人对中国雕版印书悠久传统的一种尊重。也在于"保存明末来华的传教士利玛窦等人的传统，寓有'力求不抵触中国人的风俗习惯，和尽量避免引起摩擦'的深意②。"

---

① 见［法］皮埃尔·阿尔贝、［法］费尔南·泰鲁著的《世界新闻简史》（中国新闻出版社，1985，第 38 页）："第一张用机器打印出来的报纸（即打印用辊筒）是伦敦版的《泰晤士报》，于 1811 年由弗里德里希·柯尼格（1774—1833）完成。"
② ［日］实藤惠秀著，谭汝谦、林启彦译：《中国人留学日本史》，生活·读书·新知三联书店，1983，第 253 页。

当然,这些早期的中文出版物在内容和发行方式上与真正的报纸尚有距离,可以说是报和刊的合体,直到鸦片战争之后,外国人被允许在中国境内兴办报纸,上文提到的相对成熟的西方新闻纸形式才开始在中国出现。

最初现代意义上的中国报纸也是洋人所办①,其中包括西文报纸和早期中文报纸。可能是成功地通过炮火打开中国国门带来的激动鼓舞情绪使得这些西洋人忘记了早期传教士的谨慎作风,在开埠口岸兴办的首批中文报纸在版式上完全采用西方报纸模式,只是文字采用中文。如宁波的《中外新报》②以及后来上海的《上海新报》(见图5-7)③。《上海新报》每一号发行一张,高约四十厘米,宽约二十九厘米(相当于现在的半张小报)④。与此前在上海发行的近代上海最早英文报纸《字林西报》(见图5-8)⑤比较,可见两者在版面设计上的相似性。在刚开埠不久的中国地区,一下子涌入的新事物显然来势过猛,一时无法被广大民众接受,西式的新闻纸也是如此。办报人很快意识到这一点,于是后来的报纸便在其版式上做了调整,使报纸的面貌更贴近中国传统雕版印刷书,以照顾中国人的阅读习惯。其中最成功的是《申报》(1872年4月30日创刊)(见图5-9),不同于《上海新报》采用昂贵的白报纸,《申报》使用中国连史纸,裁剪前应为60 cm×110 cm的整张连史纸。《申报》的版式前后经历了几次改版,但其最常见的版本为"每张高约二十七厘米,宽约一百零四厘米,成为横长的形状,分为四版,每版宽约二十五厘米余,在每两版之间中

---

① 见王炎龙著的《西学东渐:中国近代报业发展的历史阐释》《广西师范大学学报》(哲学社会科学版)2003年第4期,第139页):"从19世纪40年代到90年代,以教会或传教士个人名义创办的中外文报刊多达170种,约占同时期我国报刊总数的95%,几乎垄断了我国的新闻事业。"

② 见周律之著的《宁波最早的一份近代报刊——〈中外新报〉》(载《宁波文史资料第十四辑·宁波新闻出版谈往录》,宁波市政协文史资料委员会,1993,第14页):"十九世纪中叶面世的《中外新报》,是宁波最早出版的一份近代报刊,也是鸦片战争后外国传教士在我国首批出版的中文报纸之一……《中外新报》(原名 Chinese and Foreign Gazette)……所载为新闻、宗教、科学与文学……始由玛高温主持,后彼赴日本,乃归应思理(E. B. Inslee)主持……据1992年第一期《复旦学报》周振鹤着文介绍:1890年5月,在上海召开了在华新教传教士大会。会上美国传教士范约翰(John Marshall Willougby Farnham)提出一份《中文报刊目录》,这份《目录》记载了1815—1890年间出版的76种中文报刊的名称、主编、出版地(包括中国各地、美国、英国及东南亚等地)、创刊年月、发行份数、性质(宗教、世俗)、售价、形制和其他有关内容,其中第8号为宁波出版的《中外新报》,创刊于1854年5月,1861年停刊。这是迄今为止发现的最早提到《中外新报》的历史文献。"

③ 上海图书馆网站 http://www.library.sh.cn/特色馆藏:《上海新报》,近代上海首份中文报纸。出版于1861年12月。傅兰雅(John Fryer,英)、林乐知(Young John Allen,美)曾任主编。由英商字林洋行(North-China Herald Office)印行。1872年12月停刊。

④ 上海通社编著:《旧上海史料汇编》上册,北京图书馆出版社,1998,第385页。

⑤ 初名《北华捷报》(North China Herald),创于清道光三十年六月二十六日(1850年8月3日),周刊。清同治三年四月(1864年6月)改名并更为日刊。1951年3月31日终刊。出版时间长达101年。

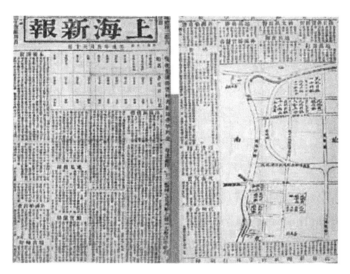

图 5-7 《上海新报》，1861 年 11 月创刊

图 5-8 《字林西报》(North China Daily News)，前身为《北华捷报》(North China Herald)，1850 年 8 月 30 日创刊

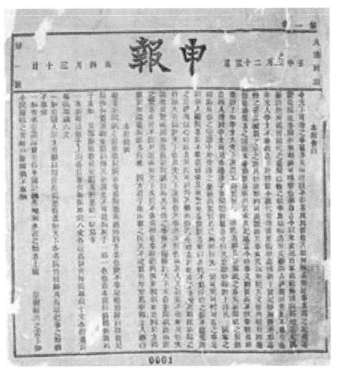

图 5-9 《申报》

褶,成书册式①。"版面接近正方形,文字周边有版框(也像书籍中每一单页的格式),报头以大字横写居于第一版上方正中,文字纵向排列,密集整齐,字号无明显大小变化,文章之间也无分栏②,基本无插图,形式较单一,类似于将原雕版书籍中的页面上、下平铺排列,阅读时仍需要从右向左,自上而下,适合像阅读书籍一样规规矩矩地按顺序观看,不便以现代阅读报纸的习惯跳跃式观看。这种版式与传统书页有相似性,只是由原先的单页印刷再册页装订改为在一整张纸上连续印刷再折叠,类似于古代的经折装书籍。报纸的每一版在外形上接近雕版印书的一版两面书页,纵向长度在一尺上下,与 16 开书籍的单页基本规格一致。在上海报业兴起的初期阶段,《申报》与《上海新报》展开激烈竞争,《申报》的最终胜出一方面出于价格

---

① 上海通社编著:《旧上海史料汇编》上册,北京图书馆出版社,1998,第 386 页。
② 见上海通社编著的《旧上海史料汇编》上册(北京图书馆出版社,1998,第 386 页):"在起初三十余年中,上海各报纸都不分栏。"

优势,另一方面因为在版式上更贴近中国民众的阅读习惯。这种版式后来成为一种流行,如《叻报》(1881 年创刊,新加坡华文报)8 开纸,11 张(每版接近 26 cm× 37 cm 的长方形,如图 5-10 所示)。后来在此基础上也有纸张横向缩短的,但折叠后每版基本模式相似,如《中外日报》《同文沪报》等(见图 5-11)。

图 5-10 《叻报》

这种带有明显过渡色彩的报刊版式盛行于晚清,尤其是一些文艺小报,普遍采用了类似的版式。如《游戏报》:20.32 cm×25.4 cm,4 页;《寓言报》:28 cm× 28 cm,6 页;《笑林报》:27 cm×60 cm,后 30 cm×27 cm;《繁华报》:27 cm×27 cm, 4 页,后 6 页;《采风报》:29 cm×55 cm,4 页。[1] 直到光绪末年,多数报纸开始采用白报纸印刷,版面经过改革,才再一次与西方报纸规格基本统一,而接近于现代报纸。并且与上述小报版式拉开差距。

——画报的版式

石印画报属于一种报纸杂志,这种报纸杂志随正规大报赠送,或定期随报发

---

① 见海德堡大学(Heidelberg University)网站资料,http://www.sino.uni-heidelberg.de/xiaobao/index.php? p= bibl.

图 5-11 《中外日报》，1898 年 5 月 5 日创刊

行。有以文章为主的，也有以图为主或两者兼备的。报纸杂志上的文章，多描写当地的特殊人物或特别事件，谈文论艺，还有篇幅稍短的书评、诗文、居家、常识等专栏。有时报纸杂志也会对当地生活中的重大新闻或者某一时期的重大国际事件，也即普通市民的热议话题进行深入挖掘。由于报纸杂志在制作方面对形式更讲究，印刷更精良，视觉效果的总体水平略高于报纸。以内容上的趣味和贴近生活以及视觉上的美观来吸引更大读者群，尤其是平日里不太阅读新闻报纸的妇女①，以扩大此类副刊所依托的正规报纸的知名度和影响力。所以，石印画报更接近休闲性的书籍或杂志，理所当然地在版式上被设计得更接近中国线装书籍，所以当报纸经过改版而越来越接近现代报纸形制时，画报仍然保留了"册报"的样式。

《点石斋画报》是随《申报》附送的一种报纸杂志，每期 8 页，集齐一年可线装合订成颇具规模的一本书，这一点颇有吸引力，满足了多数中国人对藏书的嗜好，是颇为成功的营销策略。《点石斋画报》的尺寸规格适应《申报》，纵长略小于《申报》版面，画幅展开呈横向略宽的近似方形。有封面（封面的纸张为一种当时进口的有

---

① 见赵鼎生著的《西方报纸编辑学》（中国人民大学出版社，2002，第 247 页）："在一项西方报纸杂志读者调查中发现，59% 的女士、48% 的男士，经常阅读报纸杂志对有关领域的深入分析。"

色纸,以显示该画报的特殊性),每一页画幅的版式类似于雕版书的插图:有版框,有作为折叠记号的版心,若两个半页为一图,则中间不留边框,以保持图像的完整等。这种画报的形制与传统章回小说的绣像合集十分相似,令中国读者倍感亲切。所不同的是画报以图像为主导,图像叙事,又兼及简要文字说明,文字不再与图像分开,而是出现在画幅中,固定位于图框内上方。《点石斋画报》因其内容新颖好看,贴近生活,绘制生动,印刷精美而深受欢迎,很快成为最流行的报纸杂志(见图5-12)。

图5-12 《点石斋画报》

随着《点石斋画报》的巨大成功,这种独特的类似于16开本传统雕版书籍的画报装帧形式也流行开来,其后的石印画报基本都是采用这种版式(见附录5)。另外也有些画报采用经折装(见图5-13,60 cm×25 cm),但折叠后在形制上与线装画报相似。

图5-13 《图画日报》,清宣统元年(1909年)创刊,上海环球社

(3) 版式说明的问题。经由上述分析,我们看到晚清石印画报在版式上融合了传统雕版书籍和西方报刊特点。但是,这样的版式呈现出过渡色彩,它与石印技术的表现力并不完全契合,尚无法充分发挥石印的技术优势。

比如,就石印画报的版面设计来说,每一版面的图像周边常有一圈边框包围,就像雕版书籍一样(见图5-12)。这边框在雕版印刷以及活字排印中是必不可少的,但在石印刊物上则成为纯粹的形式,是一种来自早期另一种技术的遗留痕迹。

中国雕版工艺强调的是规矩和完整。雕版书页版式中的每一组成元素的存在都是必要的,这些元素各得其所,又交织配合,并折射出一个更大的相互关联的体系。雕版上的版框同行款、版心等一样,起到的是规范书页,限定文字大小,标明区域的作用,如果使用泥活字或木活字印刷,排字区域就在这个框架内。所以,版框是雕版工艺的具体组成部分,是技术过程在产品形态上的体现。这种最初由技术带来的痕迹经过以后的进一步形式化,形成不同的版框样式以及围绕版框的装饰和设计。版框逐渐成为中国雕版印刷版式的视觉符号之一,并与版面的其他组成元素相结合,形成一套固定模式,并发展出相应的文化解释①。

一旦某种形式为人们所熟悉,便成为一种习惯,隐藏在其后的最初的与技术相关的形成原因便被淡忘,于是成为一种带有文化意味的装饰,即便技术不在了,曾经的痕迹仍被保留了下来。这也就是为什么即便石印工艺完全不同于雕版工艺,但石印画报上仍然保留了雕版书的边框形式,甚至包括界行、行款、版心、版心上的鱼尾和象鼻、天头、地脚、书耳等与雕版印书技术相关的元素。这些来自传统雕版书的版面设计对图像面貌实行了限制,为了适应这类传统版式,画面造型和构图也必须向传统靠拢,图像以白描来表现,透视、明暗等西方因素的应用被限定在一定范围内,这样,石印丰富的表现力便无法被充分利用和展现。

另外,在雕版书籍中,图和文往往是分开的:"图文混排"的情况很少,基本是一页图,一页文,或上图下文,前图后文,条理清晰。这样一种泾渭分明的版式也造就了中国人的读书方式,在观看时依照一种线性的秩序,文字归文字,图像归图像。

画报以图像为主,文字为辅,虽然图中有文,但每一幅图的文字说明都安排在图像上方固定的位置,篇幅长短也统一,所以所谓图文混排是有限的。观看秩序仍然来自线性和顺序的文字经验。因而,石印画报呈现的效果更像单独装订成册的绣像图集,从整体装帧到局部的设计符合线性的视觉经验,节奏舒缓,眉目清晰,风格统一。

最终,我们看到的石印画报更像是用石印技术转制的雕版图集,而不是唯石印技术才能呈现的特定美术产品。因而,虽然石印技术在晚清已被广泛运用,石印图像也依托石印画报大为流行,但总的来说,国人对该技术的认识和应用仍然停留在出自实用目的纯复制生产领域,而没有专门就其技术的独一无二的特性加以开发利用。石印画报的版式一方面是西洋报社对中国印刷传统的表面模仿,另一方面也是中国人固有观看习惯的延续。这样,经由多方面元素的折中,原本灵活的石印术被纳入到了旧有的框架中,新的技术被套用在了旧的版式中。当然,与此同时,

---

① 见杨永德著的《中国古代书籍装帧》(人民美术出版社,1982,第122-123页):"版框即'边栏',单栏的居多,即四边均是单线。栏线十分重要,没有栏线也就没有天头、地脚,也就无所谓限制了,所以,栏线是必不可少的。它不只是实用和美学的需要,更包含有哲学的内涵。也有一粗一细双线的(外粗内细),称'文武边框';还有上下单线、左右双线的,称'左右双边'。这些变化,从形式上看是为了美观,从内涵上讲是强调封建制度和封建统治的坚固,上下有天地限制,左右有文人统治、武士控制,只能在有限的范围内活动,不得逾越。"
另见:第四章 古代书籍装帧与文化。

这种现象也提示了石印画报的这种制式并不是石印技术所必需,石印画报的版面和装帧隐藏着将来的变数。

4)内容

画报内容包罗万象,不同的报纸和画报又各有侧重,但最主要的两大类为时事和新知。时事包括新闻、趣闻、传闻等,而新知对于当时的人们来讲都是新鲜事物,也算是新闻。

以《点石斋画报》为例,其创刊初衷和前几期的表现内容就明确了该刊物的新闻性质。《点石斋画报》创刊时,正值中法战事在越南激烈进行,《点石斋画报》第一期着重报道了这场战争,前四帧图所绘"力攻北宁""轻入重地"等,如实报道了当时战况。其后的"水底行舟""新样气球"则是对海外新科技的报道,虽然画面掺杂了画者的想象,不甚真实,但体现的是画报对最新科技成果的关注。再其后的六帧图为"演放水雷""观火罹灾""风流龟监",则是对国内新闻事件以及社会新闻或趣闻的报道,最后一帧"刮肝疗父"则是对传统孝道的宣扬。

此后每册基本上都是按照这样的格局安排内容。对于重大新闻,尤其是涉及外交和战局的,在申报上有报道的,表现得严谨真实。对新闻人物的描绘力求真实,如"曾袭侯像""动旧殊荣"等(见图5-14),重大新闻则选取事件发生的主要场景以及关键情节来报道,比如"中法战争""吴淞形势"等(见图5-15);而对于社会新闻,尤其是趣闻、奇闻,由于其本身不实,画师在表现的时候受到的限制更少,便依据图像优势尽情发挥,像在为戏曲小说作插图那样尽可能使画面生动有趣,引人入胜。这类画作特别出彩,画面往往带有戏剧性冲突,人物生动,情节紧凑,传承了中国民间绘画的活力,如"盗马被获"(见图4-3)和"见财起意"等(见图5-16);对于西洋风俗、海外新知等则毫无芥蒂地接纳,满足了当时的人们对域外事物的猎奇心态以及强烈的求知欲望。如果该新事物为画者亲见,或有参考图样,则详实地具体描写,如"气球破敌"①(见图5-17),如果只凭文字,则发挥天马行空的想象力,如

---

① 见全岳春著的《上海陈年往事——〈新民晚报·上海珍档〉选粹》(上海辞书出版社,2007,第67页);"1890年上海的英文报纸《字林西报》报道:有西人那里制成新式气球一具,能载八千五百磅之重,升放空中,每点钟行二十五米,各国苟制造此球为行营之用,水陆之兵可以废;况配大炮于球中,居高击下,凡铁桥、轮舰、炮台、火药库、电报局及水陆兵弁,皆不可恃。此气球之善于摧敌也。"

这是一则关于热气球研制及其在战争中作用的设想。由于《字林西报》上绘有热气球的形状,所以画师朱儒贤描绘的热气球与真实的十分接近,而利用热气球作为攻击性武器只是一种想象,所以画师绘画的热气球下悬的"篮子"也纯是凭空想象。

"飞舟穷北"（见图4-43）。

图5-14 《点石斋画报》"曾袭侯像"

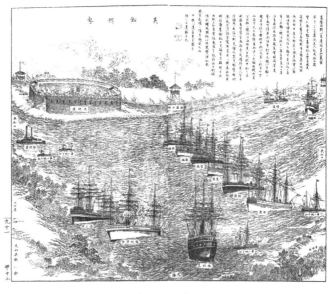

图5-15 《点石斋画报》"吴淞形势"

图 5-16 《点石斋画报》"见财起意"

图 5-17 《点石斋画报》"气球破敌"

由于画报毕竟是大众读物,其创办宗旨也是为了吸引更多读者,以扩大销售市场,带有明确的商业目的,即利润第一,而所谓开愚、启蒙等并非商家最终目的。所以,画报的趣味也是迎合普通读者的,《点石斋画报》发展到后期,对时事新闻的报道力度相对减小,而集中笔墨表现奇闻异事、趣谈杂俎等,内容变得琐碎粗俗。

由于《点石斋画报》开新闻画报之先河,后继各类画报也都遵循相似的模式,内容与之接近,并逐渐增加中外名人画像、各国风情、地图、讽刺画等,使之更符合报纸的性质。著名的有《飞影阁画报》《时事画报》《燕都时事画报》《申报图画》《新闻画报》《神州画报》《图画日报》等。

5) 意义

19 世纪末 20 世纪初正是全球范围内新闻事业大发展的时代,新闻信息获得的广度和深度以及时效性极大程度影响着一个国家或民族与外部世界的交流与接轨,决定了国民的眼界和思想,以及都市文化的建构。新闻事业的建立和民众视界的打开对于本已在技术和观念上滞后于以西方工业革命开启的时代浪潮的晚清中国来讲尤其重要。

在这方面,晚清社会出现的形形色色的报纸无疑起到积极作用。而作为一种特殊报纸杂志的画报更是对新闻纸起到了重要的补充作用,在一定的民众阶层,其重要性甚至超越了字报。也正是晚清社会的两大特点决定了石印画报存在的必要性:

第一,晚清社会正处在从农耕经济以及农耕文化向城市经济以及城市文化的过渡阶段,虽然工商业城市以及现代民主社会的建构是大势所趋,但刚从耕耘的土地上解散来到城市的新市民在思想观念上还未跟进,新闻字报这种新的资讯载体还不能很快为广大民众所适应,相比较,在面貌上更接近传统绣像图集并在内容上记载市井杂俎的石印画报更显亲切,更易于为刚刚成长起来的普通城市居民接受,并由此逐渐开启市民对所处时代的认知以及对外部世界的好奇。

第二,就是数量巨大的文盲群体。科举制的废除进一步阻断了乡村文化教育的渠道,清末民初开始推广的新式教育也未获得积极成效,使得民国初期的文盲率进一步提高。在这样的背景下,图像无疑是一种最有效的新闻和知识载体,图像新闻在清末民初的新闻传播事业以及民众的开化教育中做出了积极贡献,使得不识字的弱势群体也能够获益于资讯和信息。石印画报成为除新闻报纸以外,晚清普通市民获取文化资讯的重要渠道。

（二）石印小报——传播民主进步思想

"报刊业从它诞生之日起,就具备了三种职能:报道重大时事新闻,描述各种日常社会新闻,表达舆论①。"功能和侧重点不同的报刊势必遵循不同的发行策略,有针对性地服务不同的社会阶层。如以新闻报道为主,专载逸闻琐事与小品文的正规报纸;在内容和形式上更轻松的报纸杂志;常常被用来表达某一社会群体政治文化主张的文艺小报或党报等。后两种报刊形式在面貌上区别于普通日报,尺幅小于同时期的大报,在内容上或者以杂谈为主,或者带有专项性,我们称之为小报。这些小报或者以铅印为主,辅以石印,或者完全以石印印刷。由于内容的不拘一格与灵活性,版面也多有变化,比大报来得活泼生动。本节我们就讨论一下这种石印文艺小报的特点及其在新闻业和民主思想传播方面的贡献。

戊戌前后,社会上兴起了一股小报、副刊的创办热潮:"光绪二十三年五月二十五日,李宝嘉创办上海第一种消闲小报《游戏报》……(光绪二十五年)先后有《笑报》《消闲报》《青楼报》《趣报》《采风报》《通俗报》《时新报》《畅言报》《觉民报》等创刊。光绪二十六年后,再次形成小报办报高潮,是年新办 1 种,光绪二十七年新办 7 种,光绪二十八年增 5 种。光绪二十八年,上海日出小报 10 余种……光绪二十九年起,新创刊小报逐年减少……"②石印小报作为一种独特的小报品种,也在那一时期蓬勃发展了起来,迎来了其黄金期(见附录6)。

1. 内容激进、观点鲜明

在世纪之交,变法维新思想活跃,社团活动频繁的戊戌年间,各类石印小报纷纷涌现。石印小报多为机关社团的专门刊物,用于宣传某一团体的观点和立场,就某一时事发表社论,并且译印各种海外相关思想专著以及最新科技成果。尤其是一些政论性小报,往往是持不同政见的知识分子讨论时局,交换观念,思想交锋的场所,汇聚了该时代最激进的各种思想。

这些报纸多由重要社团支持,或与进步报纸有关,如《时务报》,由强学会专刊《强学报》余款开办;《富强报》,由上海《苏报》馆出版;《农学报》,曾得到《时务报》的

---

① 〔法〕皮埃尔·阿尔贝、〔法〕费尔南·泰鲁著:《世界新闻简史》,中国新闻出版社,1985,第6页。
② 《上海通志》第 9 册,上海人民出版社,2005,第 5849 页。

支持和协助;《新学报》,由新学会所办;《萃报》,得到梁启超在《时务报》上发表《萃报叙》予以推荐;《经世报》,由兴浙会创办等。

参与办报人员多为维新派中的积极分子或中坚力量,如《时务报》总理为汪康年,早期主编为梁启超;《实学报》总理为王仁俊,总撰述为章太炎;《经世报》的主要撰稿人为章太炎、陈虬、宋恕等。

内容以记述国内外大事和介绍新学术、新知识为主,并常有译载英、法、日等外国报刊上的文章。一些专责机关刊物也借由介绍新知,以期振兴民族,如《农学报》,所刊内容并不限于农业知识,而是借此结集团体,推动农业经济变革;《工商学报》,则宣称以振兴工商业为宗旨,详细介绍中国商政及各种工艺商务情形,内容还包括对"各国商务律例"的译编等;《新学报》,着重传播自然科学知识,内容分算学、政学、医学、博物4科,它传播自然科学知识的宗旨,也在于"苟非兴学、民不能立;苟乏人才,国无自立"。

相较以客观新闻报道为主的大报而言,这些石印小报具有更鲜明的革命立场和思想指向性,作为维新革命派的喉舌,宣扬变法救国、科教兴国,是各类激进思想的领跑者,推动时代的潮流,指引社会变革的方向。

2. 印刷便捷、售价低廉

这些小报多采用石版印刷,综合起来有几方面优势:

首先,节约成本。正规大报社资金雄厚,印刷设备齐全,强调印刷品质,一般采用铅字排印,兼用石印或铜版插图。而小报社则多由个人或社团承揽,实力相对弱,故多采用廉价的石版印刷机生产,版面自不比大报精美规范。另外,有些小报像石印画报一样,属于某些大报的副刊,利用报社余款承办,开支有限,所以就采用不同的印刷方法和发行方针以区别于大报。

其次,特征鲜明。由于单一采用石印印刷,技术相对统一,使整个生产过程变得简略,部门分工合作的环节减少,人员更精简,生产过程中的调整和变动更灵活,最终作品的内容和面貌也更能体现办报者的个人意志,从而具有鲜明的特征,展现特定机关或社团的文化面貌和观念立场。

再次,加快速度。由于生产过程精简,减少不同工种的分工和磨合,生产速度也大大加快。石印小报虽然多为周刊或旬刊,但容量并不比大报少,每册多为30

页上下。又因石印报刊内容多为评述、时论等文章形式,直接抄写、石印或影印,相比较排版、铅印在降低成本的同时也大大加快了速度,使每周出三、四万字的册子成为可能。

缩减成本、加快印速的结果就是降低售价,使小报得以在民众中普及,其所载的进步思想观念也更易于广泛传播;清晰的面貌使得每一种册报保持鲜明特征,代表不同立场,为知识和精英阶层所关注。

3. 出版面貌、内外一致

我们已经了解到石印小报产生于小报盛行的 19 世纪最后十年,但它又不同于一般意义上的报纸杂志类小报:普通小报因其内容的轻松和闲逸而区分于严肃的大报,而谓之"小",石印文艺小报的内容却往往比大报更有分量,针砭时弊,警醒国民;普通小报的内容更杂,带有休闲性和娱乐性,而文艺小报的观点更鲜明集中,是社团的喉舌,所以虽称为"报",实则更接近于"刊";普通小报在版式上基本同于大报,只是尺幅略小,以示内容上的谦抑和形式上的附属地位。"光绪末年,各大日报改变版面,对开新闻纸双面印刷,消闲性报纸仍多为四开小版面报,始有大报小报之分①②,"而文艺小报则刻意需要以另一种出版形式呈现其不同于大报性质的内容。

石印文艺小报的出现晚于石印画报,其沿用了画报的版式和发行策略。在版式上继承了画报的格式——"册报"③,只是在内容上,以图说为主变为以社论为主;这些报刊的出版周期也类似于画报,一般较长,常为 5 日刊、周刊、旬刊或半月刊;由于每期内容较多,采用类似于书籍的"册报"形式更合适,一页页的线装本也便于翻阅。这些"书籍"的内容为当下时事或时评报道以及各种文艺杂谈。

册报式的装帧以及明确的观点使石印小报更像是一部书籍,手写的文字和略

<hr>

① 《上海通志》第 9 册,上海人民出版社,2005,第 5849 页。
② 见上海通社编著的《旧上海史料汇编》上册(北京图书馆出版,1998,第 386 页):"(1896 年)《苏报》始用白报纸印刷,每天发行两张合计之与现在的对开纸一样大小,它依然是采用当时的横长式,每张高约 27 厘米;但是广度减至 78 厘米,而只分作 3 版,每版则依然广约 25 厘米余,正反两面得 6 版,两张合计得 12 版。申报改用白报纸印刷时,模样亦如苏报。同时之神州日报、民吁、民呼、民立等报,则已将此两张白报纸合并一张而用直长式印刷,每张分 4 版,每版高 56.5 厘米,广 39 厘米,和现在的大报形式无殊。申报至 1912 年乃采用当日的神州日报等式而成了与现在相同的样子。"
和对开纸的大报相对的是 4 开纸的小报,它也用直长式印刷,也是每张分 4 版,惟每版高约 38 厘米,广约 27 厘米。
③ 见附录 6。

显粗糙的印刷质量使小报的面貌带有某种情绪色彩和时效性。小报的内容表达了某种时代精神，其书籍式的样貌与内容的统一则强化了这种精神，体现了办报者的意志。不同期的册报汇聚起来就相当于某一社团的政论集锦。

石印技术在新闻领域的应用有力地促进了晚清新闻业的发展。石印技术的便捷和成本投入的低廉使得该技术很快和强调时效性和规模性的新闻业相结合，引进石印术的晚清各新闻报馆和印刷书局得以迅速扩张，促进了新闻业的勃兴。石印技术与图像相结合，使得图像具有描述性和叙事性，得以表现复杂的新闻事件和即时信息，新闻画的形式应运而生。石印图像和文字的灵活结合，产生更丰富多样的图文风貌，丰富了新闻刊物的形式，进一步扩大了出版业的领域。作为一种重要新闻报刊的石印画报丰富了新闻纸的表现形式，使之更具阅读性，用图像注解文字、说故事、讲新闻，有利于民众对新闻内容的理解，使得中下层平民及教育不足的绝大多数人也获益于晚清新闻业的勃兴，有机会获得同等的文化信息，而阅读人群的增加又进一步促进了新闻业的发展。另外，石印画报用图文并茂、通俗易懂的图像语言记录下了大量大报无暇顾及的晚清风俗民情，为我们展现了一幅幅生动有趣的风俗画，成为一份珍贵的视觉新闻遗产。革命时期的石印小报更是成为该时期各种激进思想观念的交流平台及其传播和获取渠道，在民间启蒙了民主主义思想，为新文化运动的蓬勃展开做了铺垫。

二、商业美术领域——参与商业文化的建立

在儿时的记忆里，上海弄堂里的小孩子都喜欢收集香烟牌子，孩子们还会拿自家的藏品来玩一种游戏叫"拍香烟牌子"，这个游戏也是一个向伙伴们展示自己收藏的绝妙机会，谁的藏品数量多，内容稀奇，就会受到其他孩子的追捧。在这里，不是要向大家介绍这种风俗，而是说明两点：一是人们喜欢收藏某类规格统一，且内容多样的漂亮画片；二是作为一种商业美术的香烟牌子符合这种收藏标准。至少在笔者小时候，民众之中收集图片的嗜好还颇为流行，从刚才说到的香烟牌子到火花、邮票、糖纸、商标等。这种收集印刷图片的爱好在上海特别盛行，这与上海由来已久的商业文化有关系，正是商品社会丰富的商业图像资源促成这种兴趣爱好的

养成。虽然，儿时的记忆只是追溯到 20 世纪的 80 年代，其时与 19 世纪末商业文化初步形成的早期上海已相隔近百年，期间这个城市早已历尽沧桑，几经变革。但文化是连续的，虽然经历断层，但曾经的东亚大都市的特质还是在市民文化中保存了下来，在上海人的生活习惯、处事态度以及文化生活中随处可见。对商业图片的喜好可以追溯到早年在石印技术的支持下商业美术初步形成、广告图片风行的时代。

随着石印技术在图像叙事功能方面的日臻完善，石印画逐渐脱离文学领域和新闻领域，开始以其特有的视觉语言开发图像独立表达的潜能，而这一特质与商品的结合形成了商业美术。商标、广告等形形色色的印刷图像成为各类商品的最好代言和宣传，并潜移默化地影响着城市居民的消费理念和生活习惯，并在生产商和消费者之间搭建起信息纽带，有效促进了商品经济的繁荣。商品经济的繁荣反之也促进了商业美术品质的提高，种类的进一步多样化和数量的大量增加，形形色色的商业图像成为清末民初繁华都市的名片。

在第三章中已经谈到图像时代的到来，当图像广泛运用于商业领域时，在画报图像中已显山露水的石印画特质进一步发展成为商业美术的要素，如精美、强烈、概括、醒目、标识性等。在商业领域，图像的重要性超过文字，愉悦视觉的图像在消费者心中留下深刻印象，诱发潜在的消费欲望。另外，设计的观念使得商业美术与早期的石印插图彻底拉开了距离。在月份牌广告以及同时期的其他商业美术的发展过程中，可以看到艺术家对现代设计意义上的装饰和构成等概念的逐渐应用和强化，使商业美术的制作进一步脱离了中国传统绘画，呈现现代设计意味，而图像的角色由原先承载文学、叙述事件转变为对视觉规律和造型语言的实验，以便巧妙地通过图像要素推广概念，诱导消费。此外，商业美术的最早服务对象是外来商户，所宣传的商品多为舶来品，因而在形式上也借鉴同时期的西洋商品广告画，著名的月份牌就是一种外来广告画与中国传统年画和挂历的结合。在造型和表现方式上也多外来特点，相较内容和形式还是"中国味"十足的石印画报来讲，这些商业美术带有更多的西洋元素。此外，石印商业美术在形式上还受到摄影术的直接影响，其追求真实的角度与石印画报不同，后者通过叙述故事表现真实生活的一角，而广告画则通过接近摄影效果，力求还原视觉的绝对真实。

当年最具代表性的商业美术就是月份牌广告。月份牌广告是中国传统年画和西洋广告画的某种奇妙结合，在清末发端至民国时期风靡一时。月份牌采用石印技术印制，最早参与制作的画师就包括了一些早年的石印画报创作者，在风格上与石印画报有继承关系，进一步发展了画报上已经出现的技术手法和设计元素；石印画报开启的图像流行趋势也为月份牌的风行做足了铺垫。这节将主要以月份牌为例，分析晚清的石版印刷技术在商业美术领域的应用，了解其如何成就商品图像的繁荣。

（一）石印商业美术的主要门类及其形成和发展

1. 石印商业美术的形式和种类

当工商业城市建立起来后，城市商业活动变得日益频繁，形形色色的商品以及五花八门的广告营销成为典型的都市景观，商业美术也相应变得繁荣（见图5-18）。商业美术涉及面广，石印商业美术多应用于商品包装和商品推广。

图5-18　1935年的上海外滩，公共汽车上被各式各样的广告"侵占"
（20世纪三四十年代，上海的广告、传媒行业已经发展到很高水平，这成为当时上海贸易繁华的又一个佐证）

上文提到的香烟牌子，就是一种香烟壳上的包装设计。此外，火柴盒、药品、肥皂、牙膏、香料、布匹、酒类和食品等各类已经进入生产线并统一批量生产的日用商品都有各自的外观包装，并且在包装上设计有专门图案以区别于同类品牌。各类大小百货公司的品牌门店也有各自醒目的商标和招牌。这些不同质地（纸、棉、丝、纱、布）的商标和外包装充分利用石印，特别是彩色石印技术的低成本、高品质特点,生产出效果丰富、形式多样的商标图像和软硬包装,代表各自所代言的品牌,直接或间接地传递图像背后暗含的产品概念和倡导的生活态度。

而对商品的宣传和促销更是需要铺天盖地的广告图像,从报纸的夹缝到书刊的末页,从商场的促销海报到产品的推广传单,从公共场所的招贴到居家装饰的月份牌,人们视线所及之处充斥着这些广告图像,泛滥的图像通过压迫式的视觉轰炸将商品的概念印入消费者的脑海,作用于潜在消费者的认知。

2. 石印商业美术的表现内容和图像面貌

商业美术的品种丰富,图像面貌也具有多样性,既有非常传统的,又有洋味十足的。其图像在不同程度上受到同时期石印新闻画的影响,但又由于在视觉传达上前者的要求比后者更纯粹,石印商业美术的表现内容和面貌就变得更为丰富。主要分为以下三类。

第一类,传统图式。古装美人、娃娃、吉祥图案……有时候这些图像与商品并无大关系,但因为是民众喜爱的传统图式,并带有美好寓意,于是将之与宣传商品的文字相结合,作为一种产品商标(见图5-19)。

图5-19 茶叶广告

第二类,时装美人。多出现在香水、肥皂、布料等与现代都市女性有关的商品广告中,光鲜亮丽的时髦女郎代表了产品所倡导的时尚生活理念和物化的消费态度(见图5-20)。

第三类,现代设计。运用现代的平面构成设计技巧,展示强烈的视效,画面锐利、简约,另有一番现代感。从此类作品中也可以看到当时的口岸城市在绘画与设计领域与西洋现代艺术流派的衔接(见图5-21)。

图5-20　阴丹士林广告

图5-21　肥皂广告

不过无论何种形式的图像,终究会以文字或细节暗示所宣传的商品,所有的功夫都是围绕产品推销展开的。而且为了吸引顾客,画面采用多种手段以达到愉悦视觉、引人注目的效果,如立体感、细节处理、情节性、说明性、色彩使用、刺激性、设计感等,这些在石印新闻画里出现的新图像元素在商业画里得到充分发掘,产生丰富多彩的效果,为商品促销服务。

3. 月份牌的兴起

月份牌是一种中国特有的商业美术,是年画、挂历和广告的奇妙结合,以精美的画面,实用的中西月历以及免费赠送的策略来吸引消费者,进而宣传画面上所附载的商品信息,以达到商业广告的作用。后来有些月份牌已经没有月历,但这个名称一直保留了下来。下面我们从三个方面来分析月份牌的兴起原因。

1) 西洋广告

首先,以广告画作为商品宣传手段这一策略发端于西方成熟的商业运营系统,并被外商带到中国（虽然，此前中国古代社会也有商业美术，如招牌、商号等，但并不成气候，并非出自近代产业革命和现代商品经济的规模化效应）。19世纪，商业广告画已在西方盛行，石印术的运用更是加速了这一类造型艺术的发展。

图5-22 扇面广告（美）

除了海报、招贴、包装等最常见的商业美术以外，还有一种形式是将广告画印制在日常生活用品上，使得广告商对产品的宣传无孔不入地渗透到消费者的日常生活中，使产品在无形中深入人心，以达到商业促销的作用。比如20世纪初在北美流行的一种针对黑人社区居民的扇面广告，正面印制一种温馨理想的家庭图景——时装美人或母子像，背面印制广告或选举信息，扇子本身又很实用（见图5-22）。这类与广告画相结合的实用物品在广告效应上比起单纯的商业宣传画有着特殊的优势，即有实用性，接触人群广，作用时间长，能更有效地宣传产品、推广概念。为了吸引群众，此类广告画在表现内容和画面效果上也多迎合民众口味，特别注重装饰和外在的美观。这类商业美术在中国移植得最成功的案例就是将广告画与月份牌相结合，同时投合中国人喜欢张挂年画、装饰画的习俗而产生的中国特色的月份牌广告画。

2）图像流行

月份牌出现之前，石印画已经在中国流行，国人对石印图像的热衷也早已形成气候。随着石印技术的精进，制作成本的降低，图像被大量制作，晚清各大书局报刊开始随报向公众免费赠送石印图片以吸引读者，并渐渐成为各大报刊的行销策略和竞争手段，此时的图片多为用石印技术精印的纯粹娱人眼目的装饰画或带吉祥寓意的民俗画，尚无广告内容，赠送的目的也是为了象征性地回馈读者，以便在书报行业的激烈竞争中争取更多的用户。

附送图片成为一种风气，此后，上海的一些彩票行、轮船公司也开始向客户赠送或出售带有商业信息的广告画，并将之与月历相结合，使得商业广告得以悬挂入普通市民家中，持久地以图像的形式影响消费群体。"月份牌"这个名称也正是出现在这个时候①。

刊行《点石斋画报》的著名的申报馆拥有实力雄厚的点石斋石印书局,又有高水平的美编人员,常年制作石印画,自然也成为最早尝试月份牌制作的商家之一。目前所见最早的月份牌是清光绪九年(1883年)由上海申报馆印送的《中西月份牌二十四孝图》,现收藏于上海图书馆。另外,依照该馆的一贯行销策略,申报馆照例在自己的报刊上为自己的附加产品做宣传,该馆从1883年起即刊登"奉送月份牌"的广告,并申明由点石斋石印,承诺画面精致,不取分文。

3)本土年画

早先民间流行悬挂木版年画、历画,但这一传统在清末民初受到了石印画的冲击。于是,这些年画或者在内容和面貌上向石印画靠拢(如上海小校场年画中的许多表现口岸城市新风尚的新年画以及参考石印时事画的作品),显得洋派、时尚,以迎合城市居民的趣味;或者逐渐被淘汰出口岸城市(如桃花坞年画在上海市场份额的锐减),退回到内陆乡村并继续存在。与此同时,在城市中,石印画则逐渐代替木版年画成为城市居民时髦的居家装饰画,各大报馆赠送的图片以及影印的古典名画是这类石印装饰画的主要来源。

虽然年画这一形式在城市逐渐被淘汰,但作为某种替代形式的民俗艺术,石印装饰画在趣味上仍然是符合民间艺术的平民性和大众性特点的。新创作的石印画的内容和题材也多选取都市日常生活中喜闻乐见的事物,只不过与传统年画不同的是,这其中强调了一种"流行""时髦"的概念。尤其是一些新鲜事物,包括外国风俗和洋派生活,常常作为一种都市风尚加以着重表现。这些"时装美人""城市风光""幸福家庭"等画面题材所营造的都市气息,其倡导的物质文明、享乐主义精神对于口岸城市的居民来说无疑具有强烈的诱惑力和认同感。而其时乡村日益凋敝,经济和文化中心正在由村镇迅速向口岸城市转移,新型都市成为离乡背井的各

① 关于"月份牌"始于何时,据目前找到的最早记载是,清光绪九年十二月二十八日(1883年1月25日),《申报》在头版二条的显要位置,以"申报馆主人谨启"的名义刊出公示,文中有:"本馆托点石斋精制华洋月份牌,准于明正初六日随报分送,不取分文。此牌格外加工,字分红绿二色,华历红字,西历绿字,相间成文。华历二十四节气分列于每月之下,西人礼拜日亦挨准注于行间,最宜查验。印以厚实洁白之外洋纸,而牌之四周加印巧样花边,殊堪悦目。诸君或悬诸画壁,或夹入书毡,无不相宜"等字样。此后的清光绪十一年(1885年),上海的两家彩票行在《申报》登载发行彩票的广告,亦都标明随彩票附送"月份牌"。由此说明在清光绪年间上海流行"月份牌"画已蔚然成风。

地移民的谋生场所,城市生活习惯的养成也为城市新移民获得新的身份认同,十里洋场成为"先进文明"的展示标杆。在这种情况下,无论真实反映还是粉饰造作,内容新奇的石印画既是对城市居民日常生活的观照,也为乡村居民开启了一扇一窥都市生活的窗户。而当彩色石印术充分发展起来后,彩色石印画丰富的色层,细腻的画面进一步将上述内容表现得更加光鲜靓丽、生动逼真。

当石印装饰画以其内容、形式的新颖和活力成为民间装饰画的新宠之时,反过来,它又成为很多民间年画铺的模仿对象,从某种程度上说,也促进了传统年画与新时代的对接。如苏州桃花坞的很多作品受到上海小校场年画的影响,甚至直接挪用图像,而小校场年画中又有很多参考自当时沪上流行的石印图画(见第二章)。

石印画逐渐取代年画也为今后石印月份牌广告画的流行做了铺垫。及至月份牌广告画风行起来,原先的石印画内容中又增添了五花八门的西洋商品,这些商品正是西方物质文明的直接呈现,是市民心中西方文明世界的象征。使用,甚至只是张贴这些画有洋货或穿戴使用洋货的时髦女郎的图片也足以满足市民对于所谓洋派生活的想象。这些广告画描画出早已浸淫在一派洋事洋务、外来风俗中的口岸城市普通市民心目中向往的"泰西文明"[1]。不同于木版年画中表现的吉祥图像,月份牌广告画中所展现的理想化的都市生活、惬意的中产居家、时髦的现代女性成为一种与都市生活更贴切的新民俗。

(二) 商业美术图像与石印技术的关系

1. 商业美术的产生是石印图像流行的结果

随着印刷领域图像的广泛使用和新技术支持下艺术家对图像表现力的开发,印刷图像的信息容量进一步扩大,独立价值日益彰显。石印图像利用其制作的效率和更新的频率加入信息和新闻的传播行列,新兴都市的快节奏生活以及资讯的泛滥使图像成为一种有效的信息载体,并且以其特有的视觉语言对民众的观念发生着作用。图像讯息充斥着人们的生活,"读图"成为一种新的公共阅读习惯,并融入城市居民的日常生活中,图像成为都市文化的组成部分,为西洋商业美术在中国

---

[1] 泰西是一个词语,意为极西,旧泛指西方国家,一般指欧美各国。其释义出自明末方以智《东西均·所以》:"泰西之推有气映差,今夏则见河汉,冬则收,气浊之也。"

的成功移植做好了准备。

1）石印技术保障了图像的流通和传播

在晚清的早期报纸上就有配图，如前文提到的《教会新报》中的《圣书图画》，以后出现的画刊如《小孩月报》和《画图新报》开始尝试使用图像结合文字，但由于这些刊物的读者群有限，图像供应也无法保障，质量参差不齐，又由于是月刊，图像的更新周期过长，无法对视觉产生持续的刺激和引起读者长期的关注，从而对图像的流通不能产生积极有效的作用。

图像真正的流行则源于之后一系列中文日报的创办。如《上海新报》（首发于1861年11月），初为周报，1872年7月改为日刊；《申报》（首发于1872年4月30日），初为双日刊，从第5期起改为日报；《字林沪报》（首发于1882年），初每逢星期日休刊一天，后取消休刊。后来国人自办报刊也多为日刊。日报依托其每日一期的更新速度和发行量以及低廉的价格打开了市场，在晚清中国的新兴城市培养了人数众多的读者群。阅读新闻，了解每日资讯成为都市人的一种重要生活习惯。

配合快捷、廉价、操作灵活的石印技术，此时的图像制作也进入到规模化生产阶段，图像能够像文字新闻一样短周期地发行，出现在报刊上的新闻图像开始为人们熟悉。而前一阶段字报的成功发行也保障了石印画报的推广，使得石印画报在产生伊始便拥有相对稳定的读者群。如《点石斋画报》就由申报馆发行，每隔十日随报附赠，也有单独销售。配合《申报》的亲民性特点，《点石斋画报》除刊登社会新闻画和战事新闻画来和《申报》的文字报道相互补充外，还有大量市井俗文化的特写，内容丰富，轻松直观。吴友如等一批思想活跃、才能卓越的画家通过新颖的、再现性的石印图像纪实地表现民众所熟悉的身边事物、街谈巷议、里巷琐闻，深得市民喜爱，也进一步增加了《申报》的人气，不失为一大成功的营销策略。

《点石斋画报》取得的巨大成功吸引了其他报馆竞相效仿，纷纷推出自己的石印画报。再不久，有些画报社在发行画报的同时还开始随报免费赠送单幅石印图像①。显然，印刷图像不再稀有珍贵，这与不久之前报馆书局还艰难地试图通过各种渠道获取铜版画和木版画的情形形成鲜明对比（见图5-23）。这些附赠图像包括年画、

① 据阿英推断，报刊开始附送单页年画和日历，也是从石印术传入后开始的，"约光绪十年（1884年）前后"。见阿英著：《漫谈初期报刊的年画和日历》，载《阿英全集》（八），安徽教育出版社，2003，第701页。

图 5 - 23 《海上繁华梦》,上海采风报馆附送,源自《采风报》,1898 年 7 月 10 日创刊

日历、装饰画等。赠送的风气很快流行起来,如随《飞云馆画报》附赠着色《广寒图》立轴、《吴王西施采莲》中堂、《牛郎织女》中堂等;随《飞云馆画册》亦有附赠,为着色《杨妃》立轴和《仕女》挂屏;随《舞墨楼古今画报》每期附送五彩石印画,如《天官赐福》中堂全幅、《仕女》立轴、《八美图》屏条等,"盖亦当时时尚也"①。这些赠送的图像被作为装饰画挂在普通市民家中,增添生活色彩,而这些装饰画的前身则是过去只有富贵人家才买得起的精印木版装饰画或普通人家逢年过节才会购买张贴的"画张儿"(见图 5 - 24)。

赠送石印装饰画这一策略无疑与报社开办画报有异曲同工之妙,仍然是从老百姓的喜好出发,以图像吸引顾客。画报的发行已建立广泛的

图 5 - 24 《四美图》,金承安年间(约 1200 年),平阳府姬家刻本

---

① 阿英著:《晚清画报志》,载《阿英全集》(八),安徽教育出版社,2003,第 722 页。

读者群,并培养了读者阅读图像的习惯。同时,报社要在日益激烈的行业竞争中站稳脚跟,就必须不断推陈出新,以满足读报群体不断增长和变化的图像需求和对图像日益苛刻的品质要求,这些免费赠送图像多有较好的品质保证①,有利于吸引读者并且留住读者。赠送日历最初也出于同样目的,起始年代不详,但发展势头迅猛。随后,这些日历上出现商业广告,这就是后来民国初年街道里巷流行的"月份牌"的早期形式。

这样,在石印技术的支持下,石印新闻画、石印图片相继问世。直到月份牌的出现,出版商发行石印图像的目的不再仅仅是传播新闻和"讨好读者"了,而是开始与商业广告结合在一起,利用石印图像的叙事能力和视觉表现力来向读者渗透广告讯息和推销产品,商业美术由此产生。

2)石印图像逐渐脱离文学而变得相对纯粹

石版印刷术的应用促成了印刷图像的流行。而图像的内容和表现形式也日益摆脱文字,开始独立叙事。

用传统方式刻印的雕版小说、传记中往往附有精美插图,特别是一些著名版本,更是请名家能手制作图像,有些图像还结集成册或单独印行。同时,雕版装饰画(包括独幅木版年画)也于明清之际在民间普遍流行。历代各类优秀版画成就了中国古代深厚的木版画传统。但这些文学插图虽然精美,却脱离不了文本,尽管成熟,仍是文字的附属。有关图像依附于文字的特点我们在第三章中已讨论,这里就不展开了。并且,书籍一度掌握在少数人手里②,书籍插图同文字一样,只能成为少数人把玩的稀罕物。至于在平民阶层流行的独幅版画,除少数写景的纯装饰画外,最流行的木版年画也多为"图必有意、意必吉祥"的程式化风格。对此类作品的欣赏是建立在特定的图像学知识基础上的,图像的表象下是约定俗成的观念,而非单纯的视觉欣赏。

由于上述原因,雕版印刷时代的图像首先脱离不了文学解释,无法独立存在并

---

① 见阿英著的《晚清画报志》,载《阿英全集》(八)(安徽教育出版社,2003,第722页):"如一八八四年创刊的《点石斋画报》,新年附送的单页大年画……《岁朝清供图》……有《人民日报》半张大小,高度还要超过二寸,单色,本纸印。到《飞影阁画报》刊行,才进一步有着色套印本。"
② [美]周绍明(Joseph P. McDermott)著,何朝晖译:《书籍的社会史》,北京大学出版社,2009,第103页。

真正发挥图像之异于文字的特殊视觉表达功效；其次无法大量流行，因而不能向大众广泛传播信息和普及视觉经验。也就是说视觉语言受到了文字和印刷技术的限制，不能充分发挥图像信息作用。

直到清中、晚期，随着印刷技术的改良和商业印刷的再次繁荣，被反复复制模仿的名家插图才开始在民间更广泛地流传，逐渐形成特定的图像风格。图像从由精英阶层独享，开始面向普通民众，其信息承载力和传播力得到释放；民众对图画的单纯的喜爱，又令图像进一步脱离文本，开始以视觉艺术的自身规律演进，并建立了流行图像在纯视觉欣赏领域的价值。

石印术的运用加速了图像的复制和在民间的流行，石印术流行的时期也是开埠城市市民阶层的形成阶段。石印的廉价与快捷使图像被大量复制并迅速进入流通领域；石印画的绘画性和丰富的塑造表现力，以及其外来性使画家能以"拿来主义"的精神更自由地进行各种大胆的尝试，并缩短从设计、制作到应用、推广的周期。充斥着各色图像的都市培养了市民阶层的"观图"习惯，"读图"和"读报"成为新型都市生活的组成内容。

以《红楼梦》小说版画为例，其不同阶段的一系列演变为我们图解了印刷图像脱离文本并形成自身语义系统这一过程。多种版本的《红楼梦》版画中影响最大的要数程伟元木活字本《红楼梦》（刊于1791年）以及改琦的《红楼梦图咏》，画家根据自己的理解创造了红楼人物形象以及大观园的场景，对后世画家产生很大影响。尤其是后者，曾有1879年的淮浦居士刊本，后又印行有《红楼梦图咏》、《红楼梦图》及《红楼梦临本》三种，20世纪初还有珂罗版精印本[1]。多次翻印说明该图咏的市场需求量之大，也能推断该图像在民间的流行度和对同类作品所可能产生的影响力。如吴友如的《金陵十二钗图》就在人物、场景等设计上多处借鉴了改琦的《红楼梦图咏》（见图5-25、图5-26）。改琦的红楼梦插图已经把《红楼梦》界定为才子佳人范畴，画中人物已模糊了个性而显得雷同。以后的王希廉评本《红楼梦》（1832年），王墀的《增刻红楼梦图咏》专册（1882年），姚梅伯的评铅排本《石头记》之石版插图（1892年）等，进一步发展了这种风格，形成一种模式化的仕女画。之后，石印

---

① 阿英著：《漫谈〈红楼梦〉的插图和画册——纪念曹雪芹逝世二百周年》，载《阿英全集》（八），安徽教育出版社，2003，第710页。

图5-25 《红楼梦图咏》"迎春"(左),"宝钗"(右),木刻版画,改琦

图5-26 《金陵十二钗》"迎春"(左),"宝钗"(右),石印,吴友如

画报频繁刊印和转载,使这类图像进一步流行,并几乎完全脱离小说,文学色彩进一步减退,从而成为一种赏心悦目但内涵模糊的通俗图画。如吴友如的《红楼金钗》(1893年,《飞影阁画册》),周权(慕桥)的《十二金钗图》(1894年,《飞影阁画册》),何元俊的《金陵十二钗图咏》(1900年,《求是斋画报》),这些大量涌现的红楼

梦人物图同该时代的其他类似作品一起，通过大量复制和传播，很快形成一种流行于晚清的通俗、直观的"美人图"，其最初的文学标签已变得非常淡了。

"美人图"式的图像已脱离文本，成为一种独立的视觉产品，其功能不再是解释和说明，而是增添视觉上的乐趣，成为民众喜爱的一种漂亮画片，画面的人物造型、眉目、姿态、着装和背景设计、表现手法传递的是一种时代趣味和时尚风气，自成体系的图像语言直接诉诸观众的视觉。这种图式也是以后月份牌式"美人图"的来源之一，是同一种趣味的延续。

月份牌广告画虽然属于商业广告，但只是将产品广告"攀附"在此类"美人图"上。主要画面基本是古今各式美女，上端是公司或产品名称，下端是日历和商品，有时候商品图标连续编织成"美人图"四周的外框（见图5-27）。"预先画好的美女画，会应用在不同广告上，因此在部分画稿上，可以看到铅笔定位和周围剪贴不同产品模样的痕迹。有些较热门的题材，如木兰从军等，会反复使用，出现在不同的月份牌上[①]。"所以，从本质上，月份牌是脱离文本的"美人图"在新时代旧瓶装新酒式的产物（见图5-28）。

图5-27　广生行有限公司月份牌广告，香港，1932年

而随着石印技术本身的发展，其所承托的图像表现力也日渐丰富。19世纪80年代，五彩石印已经传入中国，及至国人创办五彩石印书局，彩色图像都可以托付国内印书局印制，其图像的表现力较之黑白石印已大为丰富。而当文明书局、商务印书馆等聘请日本技师并从而将更为细腻的分深浅的彩色石印技术带入中国后，石印技术在复制、再现彩色画稿的能力方面又进了一步。除了疏密、黑白以及细节的表达以外，色彩的明暗变化，微妙的过

① "花样的年华——关蕙农家族捐赠文物展"——早期的海报设计，香港文化博物馆。http://www. heritagemuseum. gov. hk/chi/attractions/attractions. aspx。

图5-28 《弄花图》,左图为手稿,右图为广生行有限公司月份牌广告

渡、晕染效果也可以在石印复制上得到再现。正是有这样一种强大的图像复制技术作为保障,艺术家或设计师无须过多顾及复制工艺的限制而牺牲绘画性,可以更自由地发挥创造力,发掘图像的表现力。这样,图像可以用多种造型语言传递信息,也因此进一步脱离了对文字解说的依赖,印刷图像本身就具备了完善的形象表达力。

需要补充一点的是,彩色石印术的运用还引导了石印图像的一个新的运用方向,即对摄影效果地追慕甚至赶超。石印新闻画最风光的时候,摄影术也在不断完善,最终,技术成熟、成本降低、效果出色的新闻摄影图片基本取代了新闻领域的石印画,石印画报也在民国年间逐渐被淘汰,代之以内容和形式都更为丰富的摄影画报。石印画由时事新闻画的主角转变为配角,出现在报纸杂志的漫画栏目,或小说连载的插图部分,或者仅应用于版面设计和图案装饰上。摄影术的威胁迫使石印画拓展新的领域,一方面开始向绘画的表现性探索,如夸张、变形、多手段运用以表达更强烈的情感或明确的观点,如漫画、讽刺画。在这一点上也说明了石印图像开始挖掘造型语言的自身规律,从而进一步丰富图像表现力;另一方面,就像早年的石印新闻画多参考摄影图片一样,某些精印的石印图片也开始模仿摄影的三维错觉,以追求绝对的写实感。此处的摄影指的不是新闻图像式的事件记录,而是那种以人像为主的对具体事物的写真还原。石印在这方面对摄影的模仿体现的是一种纯粹的造型游戏，是诉诸视觉的，与文学更无瓜葛。石印画模仿摄影这一点，随着五彩石印术的发展而逐渐显露优势。五彩石印使其在写真图像上能够创造出同时期的摄影术所无法达到的效果，即丰富的色彩和细腻的过渡。后期的石印技术对画稿阶段的技巧和形式的限制很少，已经能够配合多种西洋绘画表现技巧，在印刷图像上模拟摄影，而五彩石印技术的运用赋予了这些作品更加真实和赏心悦目的效果。五彩石印还能进一步对图像美化加工，单纯唯美的画面深受普通市民的喜爱，并且石印图像的价格也比照片低廉。而彩色摄影发明于 20 世纪初，当时的彩色照片的色彩关系还十分简单，价格也昂贵，种种方面无法与五彩石印相比。因而彩色石印图片很快在图像市场上站稳了脚跟，随即被运用于商业领域并大获成功。有关五彩石印对照片的利用和模仿可参见香港文化博物馆"花样的年华——关惠农家族捐赠文物展"中的一段描述，以了解当时两者之间的关系："早期月份牌画中的美人儿多是男性反串，后期则改以书刊照片作参考，以求展现女性形态。关氏父子经常在荷李活道一带，买来各种各样的书刊、画报、时装杂志、明信片及明星照片，抽取一些元素拼合所需的形象。在构想造型时，会由家中女性协助，摆出姿势协助描绘，关祖良太太便曾当过他的模特儿。"许多从事月份牌广告画创作的画家都曾以家眷为模特儿作画，著名月份牌画家杭稚英的一些重要作品就是以其妻王萝绥为形象创作的。这也说明了月份牌广告画在创作时所追求的"能肖""求真"要求，单纯的表象的逼肖和悦目重于对内容的设计，其创作方式不同于传统绘画，也与石印新闻画拉开差距。

　　3）石印图像在商业领域得到广泛应用

　　在晚清，以雕版印刷的告示、票据、招贴等图像渐为石印替代。过去此类印刷物因其应景性和临时性多印制得较粗糙，很少会专门雕版印制图像配合文字，即便是相对容易些的文字部分也只考虑快捷而非美观①。相比较，石印在此领域的优势

---

① 见［美］周绍明（Joseph P. McDermott）著，何朝晖译的《书籍的社会史》（北京大学出版社，2009，第 13 页）："'……当来了一个急活，就叫来一些工人，每人给一小片木头，上面留有一两行或更多的空白。他们以极快的速度刊刻，当所有的版片都刻好后，就用小木楔把它们拼起来。'这种印刷方式用来印刷新闻及招贴、方志、告示等其他临时出版物，很显然不需要使用高水平的刻工。"

是显而易见的,它在保证效率的同时还提高了质量,且不会产生如何处理使用后的大量临时性版子的后续问题。宣传和告示除了传达信息以外,还需要醒目美观,石印图像精美,形式丰富,表现力强,加强了宣教的功能和告知的印象;同时,石印画具有更强的图像叙述功能,使此类图像不再仅是文字的简单配图,而能够包含更多信息,在一定程度上甚至可以替代文字传达内容。所以石印术的运用,使图像在宣传领域变得日渐重要。于是,石印海报、广告、招贴、票据、包装等逐渐盛行起来。

2. 商业美术的设计感来自石印技术的支持

商业美术也可以说是在中国出现得最早的现代意义上的平面设计艺术。平面设计的产生与发展与印刷技术密不可分。"所谓平面设计作品,基本都是特指印刷批量生产的作品,平面设计因此也就是针对印刷的设计,特别是书籍设计、包装设计、广告设计、标志设计、企业形象设计、字体设计、各种出版物的版面设计等,都是平面设计的中心内容①。"现代印刷技术,特别是石印技术解放了印刷图像语言,使之完全适应绘画和设计的要求,艺术家和设计师对平面要素的开发、设计、布局等都能通过石印技术得以实现,并通过批量复制在大众中流传,形成图像的流行和设计理念的推广。传统雕版技术的衰败也使得设计摆脱了旧有规矩和各类"原则"的制约,新的技术成为设计的保障,以石印技术为主的印刷图形与以铅活字技术为主的印刷文字灵活配合,激发起各类尝试与创新,设计思维得到解放,现代设计由此诞生。

商品的包装需要美观,商标设计需要独特,广告招贴需要醒目、强烈……总之商业美术要运用多种现代图像语言和平面因素达到明确的视效,以起到宣传产品的作用。进口洋货需要有与之匹配的包装设计和产品宣传;而传统商品也需要对其加以重新包装设计,改变营销策略以顺应日益激烈的市场竞争。商业美术发达的民国初年,各式商业图像充斥着人们的生活,琳琅满目,设计上呈现出中西合璧、华洋杂陈的独特面貌。

商业美术的繁荣无疑与商品经济的繁荣密切相关,但是单有经济的支持还不

---

① 王受之著:《世界平面设计史》,中国青年出版社,2002,第 10 页。

够,中国美术与西洋美术不同质,从悠久的线性东方图式传统到现代平面设计概念的转变是一种巨变,并非一朝一夕,群众的接受也需要数量的积累以便形成对特定形式的熟悉感和认同度。形式的改变还需要有特定技术的支持,平面设计的表现方式是通过现代印刷技术达到的。我们在这一节就来研究中国石印图像上的设计因素是如何逐渐形成的。

1）变革因素

早期的石印术只是被作为雕版印刷术的替代和补充,人们并没有充分发掘该技术的独特性,也没有意识到其对图像世界的改变所具备的巨大潜力。早期的石印被雕版印刷技术以及传统图像规范所限制(见上文对石印刊物关于版式和装帧的讨论)。石印图像除了在线条表现方面比过去丰富以外,并没有产生根本性的改观,立体效果和明暗表现的呈现也是相对的。

但根据造型艺术的发展规律,技术和形式终会统一,初期的拘束很快就会被打破,印刷复制技术的灵活性和多样性终将作用于图像,引起图像面貌的改变。我们观察到在石印刊物上逐渐出现了一种早期的现代设计意识:报刊和画报开始注重对文字的美化,变得更具装饰感;图像开始灵活地渗透到文字中,图和文的界线变得模糊(见图4-56、图4-57、图4-59);版面的设计意识变得强烈,报刊原本中规中矩的面貌被一种更活泼的强调视觉观感效果的版面所替代;阅读经验则由顺序的线性的观看让位于一种整体的视觉印象与选择性、跳跃性的信息抽取相结合的过程。见《申报》与《同文沪报》在版面上的差异(见图5-9、图5-29)。当然,变化是需要具备一定条件的,分析早年石印领域,我们会看到一些引起变革的因素。

(1)形式源于技术。我们曾经考察石印图像与传统雕版图像的差异。雕版限于技术,只能以线条表达,而石印能够表现更丰富的画面效果。一位雕版画的设计者需要顾及雕版的特殊性,在设计画稿的时候必须对形式做调整以适应雕刻的语言,而石印画的设计者较少受到这样的限制,其设计带有更多自主性,使得印刷图像跳出千篇一律的线描形式。

相对于雕版,石印更易于处理细节和以黑白灰来铺陈丰富的层次。黑白和立体是一种"塑形"的再现性美术语言,源于西方绘画传统,与东方的线性象征性表现

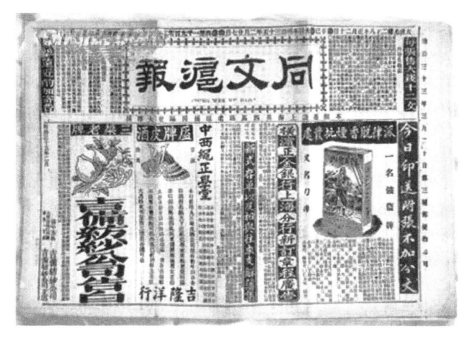

图 5 - 29　《同文沪报》,清光绪二十六年(1900 年)出版

相对。这种表现方式给画面带来丰富的细节和由明暗色层构成的凹凸起伏感,还有艺术家不受版刻等工艺限制的随性的笔头发挥。这种黑白灰的整体概括以及对细节的关注体现了现代设计的一些基本观念,包含着平面设计中所强调的黑白构成感和图案装饰性等元素,而创作手段的解放更是激励了艺术家对形式的大胆探索和创新以及对外来图式的借鉴。

　　另一方面,雕版印刷有严格的程序,需要不同工种秩序井然的分工合作,最后的完成品可以说是一种集体创作的结果。虽然优秀的刻工也能在作品中留下自己的风格痕迹,但毕竟有限;至于设计者,也就是原画创作者,他们的作品最终能保留多少原貌就要看与刻工的合作默契程度,刻工的能力和刻工个人发挥的比重了。而石版印刷不受太多工艺限制,程序也更精简,如果人员有限,一个人也能完成。印刷工人在转绘和印制艺术家的画稿时使用的工具材料和表现方法类似画家绘制图稿的工具,只要技术工人的技术到家,基本可以完全保留原貌,而不像雕版,是另一种语言的表述,需要绘画和雕刻两种工艺的协调和妥协。所以,从事石印画创作的艺术家的作品从设计到最终完成,基本不会有效果的损失或变形,几乎是个人创作的体现。

由于整个制作过程更加个人化,在作品中也可以倾注更多的个性化的东西,这样,艺术家可以在最后的效果上最大限度保留自己最初的设计和想法。这种对设计理念的贯彻和对最后效果的掌控对于设计师来说是极其重要的,石版印刷技术为这种更具现代意义的设计创作提供了条件。

(2)艺术家的努力。由于是舶来品,石印的表达不受太多传统工艺和固有观念的束缚,只要艺术家意识到这一新技术潜在的艺术表现力,便可以创造出全新的视觉效果。早期的石印艺术家具备后来所称的设计师的素质。这些从事石印创作的人员并非文人画家,也不是纯粹的工匠,他们通过拜师、自学或同僚之间相互影响掌握绘画技能,虽然各自出生、学艺经历不同,但都通过个人努力,掌握了石印画技术,且基本仰赖这种绘画技能为生[①]。这样不拘形式的学习经历有利于形成个人化的创作风格和开放性的观念。这批艺术家没有传统包袱,思维活跃,接受力强,创造力旺盛,就像那个时代的许多弄潮儿一样,对新事物充满好奇,又擅于模仿,从多方面汲取营养,兼收并蓄,形成个人风格,创造出独具时代特色和区域特点的中国石印艺术样式。我们可以将之类比19世纪二三十年代的上海小说界。虽然是不同年代、不同领域,但由于时代背景的相似性以及艺术家的相似境遇,即面对西方文化与本土文化相融合产生的新文艺这一命题,这批文学界的精英与石印画界

[①] 吴友如:"……余幼承先人余荫,玩偈无成。弱冠后遭'赭寇'之乱,避难来沪,始习丹青,每观名家真迹,辄为目热心存,至废寝食,探索久之,似有会悟,于是出而问世,藉以资生……"见吴友如自撰《小启》,《飞影阁画册》,光绪十九年(1893年)八月望日。见顾公硕著:《吴友如与桃花坞年画的"关系"——从新材料纠正旧报道》,《题跋古今》,海豚出版社,2012。

周慕桥:张志瀛的入室弟子,但很为吴友如器重,国画功底很好。他在20世纪初推出了自己风格的作品,因在传统画的基础上揉入了西画造型与透视,视觉效果在普通民众眼里非正宗古画可比,加之色彩也比传统仕女画丰富,印成月份牌随商品赠送顾客,很受欢迎。周慕桥因此名声大振,订画者络绎不绝。

郑曼陀:曾师从王姓民间画师学画人像。后到杭州设有画室的二我轩照相馆作画,专门承接人像写真。他把从老师那里学来的传统人物技法与从书本中学来的水彩技法结合起来,慢慢形成了一种新画法——擦笔水彩法。

杭稚英:土山湾画馆学员,13岁随父进商务印书馆,后自立画室,出版月份牌,设计商品商标包装,为我国最早的商业美术家之一;早期学郑曼陀画风,后揣摩炭精肖像画,画法渐变,色彩趋向强烈、艳丽,形成了一种新型的上海美女形象:时髦艳丽、修长丰腴、略带洋味,画作之美,影响之大,史所罕见。

……见附录4。

的代表人物有着艺术创造上的共同点①。

这些艺术家出色的钻研和自学能力使他们相比较文人画家来说，能够更顺利地进入石印创作这个兼具西洋和民间色彩的领域，并且有所建树。他们在这块未开垦的土地上经年累月地耕耘，随着对材料工具的不断摸索和实验，对石印技法的进一步认识和开发，技艺日臻纯熟，并开始有意识地突破早期石印艺术的藩篱，进入自由创作天地。清末民初的这些石印艺术在表现技法和形式面貌上的尝试可视为中国近代平面设计艺术的早期探索。而第一批商业美术画家也来自这一群体，如著名的月份牌画家周慕桥最早就是从事石印画报创作的（见附录4）。

（3）内容的作用。不同的题材和内容需要配合与之相应的表现技法，才能相得益彰。商业美术旨在宣传商品、刺激消费，其所表现的内容或者是商品本身，或者是与商品相关联的事物或景象，以便使人联想到该商品，早期的商业美术还包括一些纯粹的美丽画片，对产品的宣传仅是画面上一种毫不醒目的附属，如月份牌画，其目的在于以画面吸引顾客，再顺便推销商品。无论哪一种，由于这类图像以宣传商品为最终目的，所以需要表达明确、醒目、直白、强烈，同时具有时效性又需要一定程度的媚俗。这样，婉约含蓄的传统画面便无法胜任，商业图像需要使用到新的表现元素，如黑白、对比、夸张、戏剧性、设计感以及强烈的色彩等。这类手法在早期的石印画报上已经有所呈现，在后来石印术进一步突破雕版印刷术的影响后，设计感和构成感成为石印商业画作上有意识追求的画面效果（见图5-30、图5-31）。

（4）外来图式的影响。晚清的石版画家除了自发研习出新技法、新造型以期适应新题材，还常常直接借用外来图像。在清末民初的这个求新求变，到处贯彻

---

① 见［美］李欧梵著，毛尖译的《上海摩登———一种新都市文化在中国1930—1945》，北京大学出版社，2001，第159-160页："尽管和欧洲现代主义有所有这些表面上的相似之处，中国现代性的都会文化产物，就时空而言，也同时受着中国人的个性影响……上海的通商口岸环境使他们能够借以营造文学层面上的一系列意象和风格并以此建构所谓的对现代主义的文化'想象'。虽然可资借鉴的资源基本上都是西方的，但所有的文化建构行为都是用书面中文操作的。因此最关键的任务就是翻译，这不光是把西文文本翻成中文的技术行为，更重要的是，它是一个文化'斡旋'过程……这些原著被它们的译者赋予了一个彻底的'新生'，以及在文化接受中的一系列文化意蕴。换言之，是译者赋予了原著一个'来世'，译者本人的声名就足以让读者信任原著的艺术价值；实际上，这价值是被创造出来的而且可能和原著关系很小。"

图 5-30　花露水广告　　　　　　　　　　　　图 5-31　樟脑广告

"拿来主义"的特殊时刻,在图像模仿的过程中,艺术家进一步领会西方的线条和明暗塑造法以及透视构图法,还培养了对西方图像形式的欣赏力和表现力,并通过石印画的推广,使民众也开始知晓并熟悉这些外来图式,并进一步认可和接受,使对西式图像的观看成为一种习惯。

　　任何图像形式都负载着背后的技术和观念的表达,对外来图像形式的模仿必然同时带来技术和观念的输入和对其或主动或被动的接纳。如"程氏墨苑"中对西方图式的模仿,虽然工具是传统的,但刻画手法完全是西方的,线条用来排线,以增加密度,而不是用有表现力的弹性线条来塑造形象(见图 4-49)。在晚清的石印画中出现很多外来新事物,对这些外来新事物的不厌其烦地详细刻画也体现出一种普遍存在于画者和观众心中对域外世界的好奇心态。这类新事物的形象由于从来没有出现在传统作品中,在表现形式上缺乏参考,所以只能主动借鉴和大胆创新,有些直接引自外国报刊,也有相当一部分是参考外国插图的再创作,并添加个人想象成分加以自由发挥。而对于海外新闻事件的图像报道,画家意识到重点是把事情交代清楚,传统画论强调的意境、空灵、含蓄等美学观念全都不再考虑,此类画面多是用西式的阴阳和透视法处理的,传统线描痕迹已经很少了。完成的作品虽然不似用传统手法表现的作品那样风格鲜明、手法纯熟、美学上完整统一,但我们可以感受到艺术家正在艰难地寻找一种新的更有效的技法以便更好地表现这一类非传统的题材。这种打破传统的手法也正预示了新的表达技法和审美角度的出现。

我们已经从早期石印画中了解到这类题材的作品与表现本土事件的作品在技法上存在很大差异,体现在构图、造型、动态、细节刻画以及整体处理等各个方面,致使画面整体气息与中国传统绘画拉开了差距,而更接近西方绘画体系。这样就为源自西方画面处理传统,在19世纪末开始被一些西方艺术家关注,并启发了平面设计家的画面构成感等设计元素在近代中国被接受和认可做了先行的铺垫,为下一阶段迥异于东方传统的西方设计艺术的样式和观念在中国的传播和发展做了预热。为由西画系统衍生的现代设计在中国的出现和立足提供了一个可能的环境。这个环境包含了创作群体、观众群体以及大众在观念上对该系统的认可。这种对外来图像的直接模仿和挪用也体现在了后来的商业画领域,很多作品都可以看到某些西方图像的影子,或在某一处细节上看到一种纯粹的外来的元素(见图5-32至图5-34)。

图5-32　石印海报,吐鲁兹-劳特累克,19世纪(法)

图 5-33　石印插图,奥博利·比亚兹莱,19 世纪(英)

图 5-34　阴丹士林广告(画面带有一种现代平面广告设计的形式感和装饰感)

2) 设计感的具体体现

设计感和构成感最早表现在石印报纸杂志上。当报纸杂志的编辑开始有意识地处理文字和图像的关系,开始增加字体的变化和图案的多样性,开始关注版面的整体黑白效果以及装帧和内容的统一性时,朴素的线性的传统版式逐渐变得华丽和活泼了,印刷"规矩"被印刷"设计"观念替代。

(1) 版面上的设计感——从功能到装饰的转变。早期的石印报纸、画报也有清晰的面貌,可以说也是经过设计的形式。但这种形式更多的是对传统书籍模式的一种套用,并没有主动从现代设计角度考虑"形式感"的问题。

我们仍然以报纸杂志的边框处理为例来了解这一设计观念的变化过程。我们知道,边框是雕版印刷遗留下的痕迹之一,哪怕以后的各类新型印刷技术中再无实质性的需要,这一痕迹也多少保留了下来,成为对传统的一种怀旧性的纪念,关于这一点我们在上文中已经讨论过。

由于边框被当作"规矩"保留了下来,晚清时期用新方法印制的线装书,如铅印书籍、石印画报,在形制上仍然保留了边框,用以限定内容、确定版心,当时的报刊形制也与之类似(见图5-9)。

但当"洋装本"开始流行[1],新的印刷装订技术与旧有的书籍形式便再难结合,雕版书籍版面上的所有元素都被消解,边框的存在更无实际意义,边框变得可有可无。而保留下来的边框则成为对传统模式的单纯模仿和怀旧性的装饰。任何事物一旦脱离功能,便给装饰预留了空间,因为我们知道通常装饰是游离于功能之外的。我们看到晚清到民国初年的一些书籍报刊中的边框由原先的功能性的"版框"转变成了装饰性的"花边"。这些边框装饰多为石印印制,带有手绘感和设计感,图案细腻,线条优美(见图4-58)。

边框和分栏的这种功能到装饰的变化代表性地说明了现代设计的概念和目的。此后,这种版面装饰手法在商业美术中十分常见。

此外,最初功能性的版面逐渐也变成了一种有意为之的设计。我们知道,最早的报纸不仅没有图片,文字部分也缺少变化(如早期的《申报》),这些报纸在版面上

---

[1] 由留日学生在日印制的教科书《东语正规》(1900年8月)和杂志《译书汇编》(1900年12月),可谓最早由中国人出版的洋装本书籍。此后,洋装本逐渐出现在中国大陆,渐取代线装书,从而改变了书籍的装订面貌。见[日]实藤惠秀著,谭汝谦、林启彦译:《中国人留学日本史》,生活·读书·新知三联书店,1983,第六章 对中国出版界的贡献。

通体文字,而且不分栏,阅读起来颇为不便。早期石印画报虽然有画,但每一版在装帧上也都相同,图像大小、风格,文字在图像上的位置等都是一个模式,石印技术的灵活性没有充分发挥。在之后,为了便于阅读,报纸开始有分栏,将长篇的文字切割成更小的块面,令版面变化更丰富,形成由大小块面构成的整体效果。这种效果突出表现在广告版面以及刊登小篇幅的里巷杂闻和市井故事的所谓娱乐版面。分栏的栏框也经过进一步美化,形成精致的图案,以突出或强调栏内的文字或图像。外框形状各异,有方、圆、椭圆等几何形;布局变化丰富,有的表现出上下层叠的立体效果,以增加版面的变化。而画报随着自身的发展和种类的分化(见第四章),也开始出现不同的图文版式以顺应不同的图像应用,如规矩排版的图像连载式的连环画(回回图),图文形式多变的活泼的漫画、讽刺画、滑稽画等。这样,报刊的版面变得生动了,这种变化最初出于内容的需要,继而成为一种纯形式的追求。就像前面提到的版框的变化一样,报刊版面也由功能性变为装饰性,出现设计感。这些来自报刊的版面设计也在后来广泛运用于商业广告中,特别是以故事性内容宣传商品的作品(见图 5 - 35 至图 5 - 40)。

图 5 - 35 《新闻画报》

图 5-36 《游戏报》, 1897 年创刊

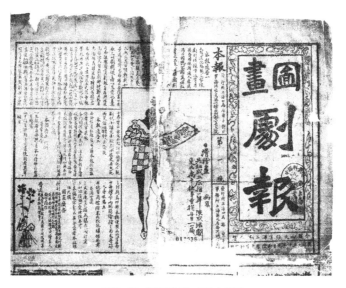

图 5-37 《图画剧报》, 1912 年创刊

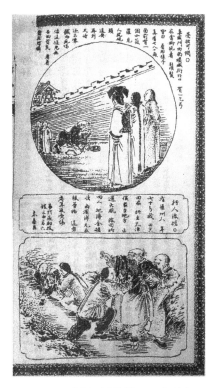

图 5 - 38 《燕都时事画报》, 1909 年创刊

图 5 - 39 糖果广告

图5-40 电筒广告

（2）文字处理。我们注意到早期报纸字体也较单一呆板,缺少装饰,而后期的报纸更注重字体的变化以及对文字的装饰。一个版面上往往出现多种不同字体,特别是在广告栏,有的标题还通过黑底留白方式形成黑白反差,还有些文字用图案加以装饰,使之在视觉上更显突出。更有一些文字本身成为装饰元素,与图像结合,相得益彰,多运用在商业美术中,这类带有装饰感的"花体字"或"美术字"多用石印手法印制,手绘感强,形式活泼(见图5-41至5-43)。

图5-41 火柴广告1

图 5-42　火柴广告 2　　　　　　　　　　　　图 5-43　牙粉广告

　　(3) 图像的设计感——描绘到表现的转变。早期刊物上的图像较稀缺,来源不稳定,所以编者没有特别考虑同一刊物中图像风格的统一,或图像与行文之间在视觉上的呼应关系。当石印技术运用于印刷图像领域,图像的获取变得容易。同时,借助于印刷手段的多样性和灵活性,画家的创造力也得到释放。出版物中的印刷图像在形式、尺寸、位置等方面变得灵活多样,版面上的图和文不再限定在各自区域内,而是彼此打破界限,互相贯穿,文字与图像的配合不再生硬,而是开始考虑两者在设计上相配合所产生的美感。

　　就图像形式来讲,有继承传统的线描,也有来自西洋的明暗塑造;有宏大新闻场面的叙述,也有张扬个性的故事漫画;有严谨的据实描绘,也有没有实质内容的纯粹装饰。装饰性图案的风格也是多样的,有带有"工艺美术运动"特征的线性装饰风格(见图 5-44),也有构成性的简洁明快的"现代主义"风格(见图 5-21、图 5-31)。多样化的图像增添了刊物在视觉上的丰富性,并且灵活地运用于各类商业美术中。我们来看一下图 5-45,画面上堆积了各种彼此不相关的手法和元素,中式人物和景致传递着传统气息;而背景上方的几何图案以及斜向插入的硬质线条和单纯的色块则是现代主义的构成元素;卷叶花边又带有工艺美术运动的精致优雅情调;而下方的如意纹又是纯中式的装饰元素;设计为纸卷型的条幅上印制

图 5-44　扉页设计　　　　　　　　　　　　　图 5-45　食品广告

文字,这一手法又很洋派……这幅广告可以说是对当时流行的各种表现手法的叠加混合运用,目的显然不在描绘,而在于表现一种醒目、强烈又具"现代感"的纯视觉效果。我们不讨论这个设计成功与否,但我们可以体会到设计者的用意——用时髦的手法来创造出五彩纷呈的画面,以便吸引消费者的注意。

　　图像对文字的配合同样变得更灵活,文字排版不再由图像尺寸来定夺,就像早年教会刊物或石印画报那样[①];图像也不单纯是文字的补充说明,就像早年开愚科普读物《格致新报》那样。图和文字不再泾渭分明,各自为政,而是相互配合,互相装点,达到真正的图文混排效果。有时候图出现在文字中,有时候文字出现在图像中;根据字体选择图像,根据图像设计字体;漂亮的字体经过进一步修饰成为图案,图案裹挟着文字以增添文字的生趣;文字和图像为多样化的外框规划出多变的形状,并被灵活地安置在任何位置上,这种排版布局的思路已经完全是具有现代意义的版面设计思路了。图文的紧密结合形成丰富可观的视觉效果,同时,图和文的编

---

①　见陈平原著的《左图右史与西学东渐——晚清画报研究》(三联书店(香港)有限公司,2008,第 12 页):"当初画师镌刻图像时,参考了历史上的名画,故构图上受到很大的限制……而根据《使徒行传》二十七章、二十八章绘制的巨幅图像,同样让编者感到为难,只好尽量压缩文字,并提醒读者:'此图因图大书多,故拣录自二十七章三十九节起至二十八章十节止。'"

排促成一种视觉上的吸引力,也更符合新闻讯息短、频、快的特点。从图文分离到图文混排既有来自观念、习惯和技术的影响,也有受外来图像的启发。

(4) 视觉上的黑白构成。早年的石印画报上已经在有意无意地强调黑白灰关系,当时使用这种手法意在表现画面的层次和立体效果,以丰富图像的叙事语言。但是随着插图艺术家向广告设计师的身份转变,以及设计师对自我表达和个人风格的关注,黑白关系也成为一种有意而为的设计技巧。大黑大白的色层,在画面上形成抽象的几何块面,产生强烈的装饰感。此装饰感异于线条穿插产生的装饰效果,属于西洋绘画体系(所以也不排除许多作品的构成手法源于对西方同类作品的借鉴和挪用)。黑白构成观念也被应用于版面设计,利用字体的大小黑白变化,产生活泼的视效。同时,黑白效果也能表现某种强烈的情绪,或者暗含某种寓意,烘托氛围。黑白关系在视觉上比线描更强烈,更容易在第一时间抓住观众眼光,这也符合商业广告画的要求。黑白构成也为彩色石印时期的色块表现打下基础,使得色彩的表现有案可循,与画面的构成达到平衡,强烈的色彩在扎实的平面构成中获得秩序。这类结合的最成功范例之一就是法国吐鲁兹-劳特累克的石印海报招贴画(见图 5 - 32),在民国时期很多商业广告也拥有类似的形式。

黑白构成是现代设计区分于传统插图的一个重要元素,是设计师对作品理念转变的一种表现。黑白构成以及其他设计要素使得作品的面貌焕然一新,构成主导着整个画面,设计师开始更多地关注作品在视觉上的平衡和统一,追求一种更为抽象的美学,而不像传统插图画家那样注重细节的严谨刻画和故事的讲述。

黑白构成脱胎于早期石印画家在叙事功能上的技巧探索,意在摆脱传统的线性装饰和程式化表现,并加强画面的层次感和真实感。但当黑白构成成为一种设计元素被加以关照,却使得印刷图像脱离叙事,再次进入装饰领域。只是此时的装饰已经是一种具有现代意义的平面设计,其服务对象是一个全新的领域——商业画。

(三) 月份牌体现的石印特征

1. 技术

月份牌多数为石印或胶印。起初也是黑白单色,面貌类似单幅石印画,后发展出彩色。早先的彩色月份牌多由商家托付国外五彩石印所印制①。此后国人自己开办五彩石印书局，于是多在国内印制。待到文明书局和商务印书馆聘请日本技师前来协助，彩色能分深浅，变化更精妙，进一步提高了月份牌制作的质量。1920年代，月份牌多为五彩石印制作，失真率低，可以保持原画的韵味，既鲜艳明亮，又精致美观。

初期的月份牌画仍以线条勾勒，略施明暗，手法类似石印风俗画。后安徽来沪发展的画家郑曼陀通过悉心研究，于1914年自己摸索出了一种基于西洋擦笔素描加水彩的混合画法：画家在确定人物轮廓后，先以特殊的擦笔蘸些许炭精粉擦出淡淡的体积感，然后罩以透明的水彩色，使之产生丰润明净的肌肤效果与质地丰富的衣饰效果。这种手法表现的图像细腻、甜美、俗艳，画面风格介乎中西，深受普通民众欢迎，很快成为月份牌画法的主流。西式的绘画技术使得月份牌异军突起，在表现手法上区别于石印时事风俗画，在西洋画法之路上走得更远，并且在画面质量上与其他商业画拉开了距离，成为一种家居装饰、馈赠亲友的时髦商品，风靡一时。各商家也纷纷将自己的产品广告与月份牌挂钩，希望利用其大好市场为自己的产品做宣传。

2. 人员

月份牌发端于上海，其创作人员也多集中在上海。我们分析这些月份牌画家，可以看到他们与石印画家群体的关系，从中也可以了解到月份牌广告画与石印新闻画之间的联系（见附录4）。

第一批月份牌画家中最著名的要数周慕桥，他早期从事时事新闻画，既是著名石印画家张志瀛和吴友如的学生，又是他们在《点石斋画报》社的同僚，后还协助吴友如创办的《飞影阁画报》，并随后接任吴友如的主笔位置，将《飞影阁画报》改为《飞影阁士记画报》及后来的《飞影阁士记画册》。周慕桥掌握娴熟的石印画创作技艺，这一点从吴友如对其重用就足以证明。从他的画报作品中可以看到他较擅长于人物造型，而对情节和故事的讲述则略微逊色于其师友。作为石印画家，周慕桥还在多个领域有积极表现，清末民初上海旧校场和苏州桃花坞木版年画中，有些

---

① 见潘建国著的《晚清上海五彩石印考》(《上海师范大学学报》(社会科学版)2001年1月第30卷第1期，第76页)："当时上海无彩色石印，市上发行之彩色石印月份牌，悉由英商云锦公司以原画稿送至英国彩色石印局代为印刷。"

时装妇女题材的作品,系出自其手笔。但周慕桥真正做出成绩的地方则是月份牌画,这也发挥了其刻画人物方面的长处。周慕桥的月份牌画在风格上还属于石印风俗画的延续,以线条刻画为主,略加渲染,内容也多古装题材,包括历史故事、戏曲人物等。所绘制的元宝领古装美女,传统含蓄,体现了清末流行的柔弱病态的女性形象。只是在后来当郑曼陀的擦笔水彩风行之时,其画的风格也受到影响,趋向"甜""糯"。

另一位重要人物自然就是郑曼陀,曾师从王姓民间画师学画人像。后到杭州设有画室的"二我轩"照相馆作画,专门承接人像写真。他把从老师那里学来的传统人物技法与从书本中学来的水彩技法结合起来,慢慢摸索出新画法——擦笔水彩法。1914年,他采用此法创作了第一幅月份牌画《晚妆图》,大获成功,从此替代周慕桥成为主要的月份牌画家。而其创造出的"甜、糯、嗲、嫩"的风格也成为月份牌画的典型风格,风靡一时。

另外还有两位月份牌画家也需要一提:一位是周柏生,他曾创办"柏生绘画学院",培养了一批月份牌画家。另一位画家是徐咏青,曾经与郑曼陀合作月份牌画,可以推想两人在技法和风格上有所交集,徐自1913年起在上海商务印书馆主持图画部,为商务印书馆培养了一批优秀的画师,商务印书馆则是民初印刷出版界的巨头,在商业画,包括月份牌广告画的创作和生产上占主要份额。

徐永青最出色的一位学生当属杭稚英,他与前文提到的对中国早期石印技术的引进和相关印刷人员的培养做出过重要贡献的土山湾印书馆有密切关系。杭稚英的西洋绘画技能最早就是在土山湾画馆习得的,也可以推断其在学画期间对新型的印刷技术也有所接触。杭稚英于1923年创立了"稚英画室",并邀何逸梅、金雪尘、李慕白等参加,而何逸梅于1925年赴港为香港永发公司设计创作商品广告"月份牌"画,将上海的月份牌绘画技法和风格带到了香港。其他的优秀月份牌画家还包括金梅生、谢之光、戈湘岚等。

这样一个创作群体就像当初的石印新闻画家群体一样,由思想活跃、背景各异、勤奋努力的民间画师组成,他们虽然可能在传统绘画功底以及修养格调方面不及文人画家,但其草根性的本质和对新型环境和商业市场的积极反应和有效适应,却使得其作品把握住了时代的脉搏,找到了市场的定位,从而别有一番活力和生机,也因此这些作品更能博得普通民众的欢迎,并在商业上获得成功。

3. 内容

1)月份牌内容特点

如果就内容来分的话,月份牌广告画的内容可以分两个层次:一个是从广告画的本质和功能来说,就是其所宣传的商品。按照这样的概念,月份牌的内容几乎可以囊括清末民初商品市场上出现的各种产品广告,特别是香烟广告,因为烟草公司实力雄厚,是最早也是最多利用月份牌宣传产品的商家。此外,香水、布匹、化妆品、酒、肥皂等日用商品也多利用月份牌做宣传。这些产品的商标或具体产品形象被印制在月份牌上不起眼的角落,虽然显得低调,但却决定了月份牌的商业性本质。

月份牌表现内容的另一个层次就是占据画面主体的主要内容,这部分内容决定了月份牌的独特面貌。月份牌的这部分题材丰富多样,包括历史掌故、戏曲人物、民间传说、时装仕女、摩登生活等。

月份牌广告画是种初级的商业广告画,其时,图像内容和宣传内容并没有太多交集,两者只是松散地处在同一个画面上。这一点也与月份牌的产生有关,我们已经提到,月份牌最初是外商将产品宣传依附在中国民众喜闻乐见的年画和挂历上而产生的一种特殊的广告画形式。利用中国人张挂图片和年画日历的习俗将商品信息渗透进普通人家中。所以,月份牌上的图像更多的是一种宣传商品的载体,而不是宣传商品的手段。因而,在选择或设计图像的时候,商家考虑的更多的是如何迎合大众的口味。比如,最早的月份牌画稿仍用中国传统工笔画法作于绢上,内容和形式也都相当传统,如现存最早的《中西月份牌二十四孝图》(见图 5-46),表现的就是宣扬孝道的题材,另外有《林黛玉魁夺菊花诗》(1903 年)、《潇湘馆悲题五美吟》等,都属于传统题材,这类作品与所宣传的商品并无任何内在联系。后来郑曼陀、杭稚英等月份牌画家结合中西画法,配合彩色石印复制,得到更细腻的塑形效果,使得风格更"洋派",相应的内容也更"时尚"。时装美女和摩登生活成为主要内容,而这样的内容也开始有了时代感,有时候也有意将画面内容与宣传的女性商品相关联,如阴丹士林布、先施化妆品、花露水等,画中女子或身着阴丹士林布的旗袍,

图5-46 《中西月份牌二十四孝图》,清光绪十五年(1889年)印制

或手托化妆粉盒,或优雅地夹着女式香烟(见图5-47)……但这种画面与产品直接
关联的作品仍然是少数,更有大量广告仍然是与图像脱节的。如闲适的中产阶级
居家图景或母女相拥的温馨画面却是为烟草做的广告,慵懒性感的少妇却是与驱
虫药同处一张画面(见图5-48),如美景与盈盈少女构成的美妙图画却是宣传的烹
饪调料……这一现象一方面说明了月份牌作为中国近代资本社会形成初期的商业
广告画的不成熟,另一方面也提示了作为独立的图像,中国人对月份牌的认可和接
受仍然是从纯粹的图像欣赏角度出发的,月份牌在形式和概念上是与中国传统装
饰画密不可分的。

  2)月份牌内容的影响

  虽然月份牌作为广告画在内容的设计上并没有与产品紧密结合,但由于中国
人对图像的喜爱,以及当时的石印技术对手绘图像的完美还原,使得月份牌深受普
通民众的欢迎。而正是月份牌的流行使得广告宣传达到了预期效果。商家在看到
成效后更是积极投入资金,培养画师,增加印刷,使得月份牌图像在资本运作下进
一步扩大了流行范围,并在竞争中获得发展,提高了质量。此时的月份牌广告画开

图 5 - 47　哈德门香烟广告,20 世纪二三十年代,　　图 5 - 48　猴牌灭蚊线香广告,1930 年代,杭稚英绘
　　　　　杭稚英绘

始以其图像的普及和持续的影响作用于人们的生活和观念,就像之前随着报纸杂志而流行起来的石印新闻画所做到的那样。

　　上文提到自擦笔水彩技法运用到月份牌创作后,一种"甜""糯"的风格被固定了下来,约从民国元年后,月份牌的题材趋于单一,绝大多数是时装美女,成为月份牌的标志性内容流行上海滩。画面中时装美女占据主体,相关广告信息被挤在了四周或不起眼的角落,至于月历本身甚至被取消。20 世纪二三十年代是月份牌发展盛期,其时画面所表现的现代女子多健康、红润、饱满,穿着入时、风姿绰约、神情自信,是当时社会提倡的新女性的典型形象。从人物的姿态、神情上也可以看到来自欧美广告画造型的影响。当时的许多影星、歌星也都成为月份牌的模特,明星效应与商业运作相结合迎来了月份牌广告画的黄金时期。

　　月份牌就相当于当时的时尚杂志,在最早的时尚杂志《良友》画报出现之前,月份牌已经大规模流行,并深受喜爱。写实性的画面就像现在的时尚摄影,从月份牌上,人们可以看到最流行的服装款式,最时髦的娱乐活动,最新潮的家具式样,欧美当季流行的发型、妆扮,甚至现代女性的眉眼仪态(见图 5 - 49、图 5 - 50)……而在

图 5-49　凯旋牌电池电筒广告　　　　　　　　图 5-50　四季香皂广告

青年中广泛流行的文学读物也常出现在月份牌中,代表了最新潮的思想(见图 5-51,图 5-52),这些画面交织出一种丰饶、明朗、积极的资本主义初期阶段的物质世界幻境。由于其商业美术本质,月份牌画是商业促销活动的一种形式,多数画面是媚俗的,宣扬的是物欲和享乐。但这又是商业城市的真实写照,是与当时的影视、文学作品所宣扬的现代女性的新式生活、开明态度相一致的,所以这样的内容具有一定的现实意义。

月份牌广告画真正的广告内容只占一小部分,这部分内容本身也只是出现在画面上不起眼的角落里,除此之外包含大量的与都市生活相关的信息,也代表了一种时代精神,石印利用形象的再现能力向民众直观地展现了这个时代,并潜移默化地影响着人们的生活态度和处世观念。

月份牌这种形式的商业广告也传到了上海周边以及北方省市,由于社会性质和文化的差异,这类作品在题材上又有回归传统年画的趋势,多表现戏曲故事、胖娃娃、山水风景、民俗故事、历史传说等,但在表现手法上与上海月份牌相似。

4. 形式

作为石印美术,商业广告画是对早年石印绘画的继承和发展,相比较石印新闻

图 5-51 《在海轮上》,1910 年,郑曼陀绘,画中女子所读为 《天演论》

图 5-52 中国华东烟草有限公司广告,1930 年代,杭稚英绘,画中女子所读为 《航空术》

画,商业美术尤其是月份牌在写实道路上走得更远,技法更丰富也更完善,原先在石印新闻画中出现的写实表现手法得到进一步提炼,同时融入了新的技巧,再加上色彩的运用,使得画面在形式上更接近西洋写实绘画,并更具塑造感和再现性,从而进一步脱离了中国画传统。商业美术像新闻画一样,通过大量的复制和广泛的流通,使得新型的图像形式成为流行,在人们的视觉经验上替换传统图式,促进新的审美习惯的形成,并以丰富的图像语言发布流行信息,承载现代都市商业文化。所以,石印商业美术是继石印新闻画后依托石印技术产生的近代中国图像革新的第二个重要发展阶段。

月份牌广告画通过以下几方面进一步加强画面的写实性。

1) 塑造

通过加强明暗和透视效果来增强塑造感。

早期的石印新闻画已经通过线条的密度以及块面的黑白对比来表现明暗色层的过渡,从而形成黑、白、灰色层的转换,使得画面在纵向上具有深度感。但这种画面仍然带有浓郁的中国画韵味,原因之一就是线条的运用。而月份牌画进一步取消线条，以块面表现，明暗的过渡变得更微妙、柔和，形象因而变得更立体、丰满。有些作品中还特意表现投影效果，产生明确的光影效果，使得人物在变得可信的同时，空间场景也显得更真实（见图 5-53）。

石印新闻画已经通过透视来表现立体感和空间感，但这种立体和空间仍是相对的，是传统空间表现方法与西洋透视技法的某种折中。总是俯瞰的视角和不甚严谨的透视构成的图像仍然带有平面装饰感。而月份牌对西方透视法的运用更彻底。由于表现内容不同，商业美术，尤其是月份牌画往往是以塑造人物为主，之后基本定型为半身或全身的美人肖像。人物不多，一般都置身室内，画家以人物为中心，创造一个安适、雅致的居家空间或光线柔和、诗情画意的户外美景。空间的透视通过室内摆设、地毯、地砖、门窗的线条等加以提示，前后景致的大小安排符合透视变化，即便在没有明显空间设计的作品中，也通过虚实表现来暗示空间，明暗过渡丰富，阴影逐渐融入背景，产生更自然的"空气透视"效果，在透视准确的前提下又为人物营造了一个真实的空间氛围（见图 5-54）。

图 5-53　勒吐精代乳粉广告，1930 年代，杭稚英绘　　图 5-54　哈德门香烟广告，1920 年代，倪耕野绘

2）色彩

商业美术的另一个显著特点是色彩的运用，这是依托五彩石印技术而产生的新效果。色彩的晕染配合素描的塑造，使得画面更真实；色彩的搭配令画面更悦目，并增添生趣；色彩的美好更直白和天然，因而也更为普通市民喜爱。一方面，商业美术，尤其是月份牌在画面上追求的是类似摄影的逼真，而色彩的运用则使得其在这方面又强过当时的黑白摄影，这也使石印美术在与摄影术竞争过程中获得立足之地。

另一方面，色彩的运用加强了设计感。此前的黑白石印艺术已经出现有意识的平面设计，体现在字体形态、黑白构成、装饰图案、版面变化等方面。如今有了色彩的加盟，画面出现了冷暖、素雅、艳丽等只有色彩才能呈现的效果，使得设计语言更丰富，画面变得更醒目强烈、富于变化。根据不同的商业潜台词，画面有不同的造型设计，色彩也作相应的配合，使得蕴藏在符号造型中的信息能更好地被表现和传达，并能在第一时间吸引消费者的注意，从而加强了商业美术的商业推销功能（见图5-55）。

3）质感

月份牌在质感表现上也远胜新闻石印画时代。当然，这与两者的功能不同大有关系，但前者之所以能做到这一点，更需要依托新技术。擦笔水彩技法使得明暗过渡变得柔和、画面变得厚重，光影的运用和准确的透视，使得事物显得更真实，加上色彩的晕染，令作品在真实表现形态的同时也能真实模拟质感。

月份牌上的少女除了娇憨神情、玲珑体态外，其细腻酥软如凝脂的肤质也颇有诱惑力，这种白里透红、吹弹可破的肌肤过去只会出现在文学语言中，在中国传统绘画中也只是象征性的表现，而在石印商业画上却得到视觉上的重现（见图5-56）。

此外，人物的服饰、场景中的摆设等除了准确的塑造外，更凸显其质感。画面往往显得珠光宝气，虽然难免俗艳，但却是物质化的工商业社会景象的一种折射，也符合商业社会大众传媒的宣传策略，意在营造物质富足、生活丰裕的印象。资本社会宣扬的闲适的中产阶级生活不再是抽象的概念，而是通过画面变得具体可感了，这些景象出现在人们目光所及的悬挂在家家户户墙面上的月份牌上，潜移默化

图 5-55　可口可乐广告，1940 年代　　　　　图 5-56　上海中法大药房广告，1930 年代，杭稚英绘

地影响着人们对生活的追求和消费的习惯。

　　而在宣传产品的商业画中，质感的表现也努力为观众传递对产品的真实视觉经验。比如阴丹士林布匹广告，画面中的女郎往往身着用阴丹士林布制作的服装，在这里，布料的质地、色泽成为重点表现对象，配合优雅的画面给观众留下深刻的印象，确保了观众对该产品品质的认同（见图 5-57）。

　　4）肖像

　　摄影技术在石印画发展过程中产生着持续的影响。早先的石印影印技术就是石版印刷与摄影的一种结合。而当摄影技术进一步成熟后，对石印新闻画产生了冲击，并最终替

图 5-57　阴丹士林广告，1930 年代，杭稚英绘

代石印画成为主要的新闻图像来源，与此同时，石印新闻画开始转向漫画、插图和装饰。当肖像摄影逐渐流行起来时，拍摄肖像留念成为时髦，只是当时的肖像摄影仍然十分昂贵，冲印烦琐，人们只是偶尔为之。但是肖像摄影的仿真效果却早已给

人们留下深刻印象,使人们对写实图像的"能肖"功能有了新的要求,也就是要接近摄影效果。这也成了当时的大众美术——商业石印画的追求目标。

以月份牌为例,其典型模式是全身或半身的美女肖像,置身于装饰考究的洋房中或身处如画风景,人物摆出优雅仪态,面向画外嫣然而笑,就像面对摄影镜头时那样。这样的作品更接近西方的人物肖像画,但又像当时流行的肖像摄影一样,只是追求外在的逼肖,而不像肖像油画那样试图挖掘人物的性格、气质或其他更内在深层的东西。并且,由于月份牌的通俗画性质,在追求"肖"的同时更增加了一重纯外在的"甜美"。所以,虽然同为写实的石印艺术,新闻画是对真实事件、社会现象的再现,而月份牌是对人物纯外在形态的再现。前者带有更为严肃的社会职责,意在传递新闻信息,并进而起到传授新知、启蒙思想的作用,而后者更具娱乐精神,附和着大众审美,通过讨好消费者以达到商业营销目的。

这样,作为都市大众文化的代表,电影明星、舞台红人的肖像成为月份牌的热门素材。她们往往有着青春靓丽的外表,是消费品的最佳代言;她们又深受群众喜爱,普通百姓都乐意拥有一张她们的美丽肖像,看着赏心悦目。所以,很多月份牌都是基于明星肖像摄影进行再创造的产物。彩色石印技术使得再创造成为可能,效果甚至超越单纯的摄影,大量的印制使得这些肖像广泛传播,明星效应和广告效应的叠加使得月份牌的商业策略大获成功,美人肖像画成为最受欢迎的月份牌(见图5-58)。

图5-58　以阮玲玉为形象的烟草广告

5)"洋派"

开埠口岸的商业文化带有浓重的"洋味",这不仅在于口岸商业的繁荣主要来自对外贸易以及外国驻华商人的经营,还由于近代商业文化本身就是欧洲工业革命后所建立起的近代工商业社会的文化表现。由枪炮打开的口岸城市在被强行实行对外贸易的同时,西方的商业文化也一并涌入,以文化殖民的方式直接在"十里洋场"生根发芽。所以早期的商业文化从营销概念到表现方式都是直接来自西方的。作为商业文化的代表——商业美术,在面貌上必然是"洋派"的。

石印商业美术的发源地在上海,是海派商业文化的一种表现,而海派文化本身就是洋味十足的。以月份牌广告画为例,其本身是西洋广告画与传统月份牌的结合,首先,投资方多为实力雄厚的外商,宣传内容则为各类洋货。月份牌画法就是西式的,这点无须多讨论。其次,画面中出现的人物多为打扮入时的现代女性:着洋装,抽洋烟,发型和妆容也都是新潮洋派的……环境和道具也是西式的。此外,人物的神态动作以及在画面中的做派也一反传统,那些美丽女性摆出好莱坞电影明星的姿态,眼神大胆、自信、充满诱惑,神情明朗、激情洋溢,与传统女性造像大相径庭(见图5-59、图5-60)。而整个画面营造的氛围以及传递的潜在信息也是现

图5-59 1940年代,张碧梧绘

图5-60 牙膏广告

代味儿十足的：有表现都市男女情爱的暧昧暗示；有表现健康阳光的西方审美观和崇尚运动的西方生活理念；有对灯红酒绿的都市享乐主义生活的迷醉；也有对个性解放、彰显自我的西方价值观的崇尚。这就像月份牌本身呈现的鲜艳面貌一样，在画面中我们看到的是一种多元的、缤纷的、洋味十足的近代商业社会的图景。这些广告画流传到各地，这种对洋派的都市生活的描绘以及现代商业文化的暗示也将都市想象传播到了各地，激发了人们对都市生活的向往，并加速了商业文化的传播以及与之相伴的来自西方的新文化、新思想、新理念在全国范围内的扩散。

石印画报是石印技术与新闻活动的结合，依托媒体运作手段和新闻传播规律保障了新闻图像的流行，并通过图像影响市民观看世界、了解世界的方式，引导了读图时代的到来。而以月份牌为代表的石印商业美术则是石印技术与商业活动相结合的产物，依托资金运作、广告营销手段保障了图像的流行。这类图像虽然属于商业活动的一个环节，但正是因为其商业性，使得图像脱离了文学和新闻，而更关注造型语言本身的规律，从此印刷图像变得更纯粹也更独立，内容更自由，形式更大胆，无论是形式还是内容都蕴含着革新因素，并且以这种新型图像面貌影响人们的观念。所以，石印商业美术进一步开拓了石印新闻图像所开创的读图时代，丰富了图像的语言，是清末民初石印图像的第二波流行和发展。

（四）石印画报到商业美术的演变

至此，我们已经较为详尽地分析了清末民初各个阶段石印图像的面貌和演变，总结下来主要可以分为两个时期。

一是石印画报时期。这也是印刷图像由传统向现代过渡的关键转变期，石印图像上呈现许多新旧结合的过渡色彩，在旧的图像体系中出现新因素，这些新因素也使得图像的功能进一步扩大，尤其是图像的叙事功能，成为传播新闻和知识的重要媒介，也为图像将来潜在功效和应用做了铺垫。图像的变化与新旧交替的时代背景和石印技术的传入和应用有关，同时，新的图像也改变了人们的读图习惯和观察世界的方式，图像信息也以特有的方式传播新闻新知，为晚清民众认识世界开启了一扇窗户，呈现一道独特风景。

另一个重要时期是商业广告画时代，主要代表是石印月份牌。它是在石印新闻画受到新闻摄影的冲击,本身开始向多元化发展,寻觅新出路之时产生的。商业广告画使得印刷图像由叙事再次回归装饰,但是,此时的装饰图像经由时事新闻画的过渡已经形成一套西洋体系。画面追求立体、逼真、艳丽、强烈的效果,既是新兴商业城市摩登生活的直接反映,也以图像中包含的时尚信息和现代气息影响着市民的观念和生活态度,并通过大量的流通加强传播,以流行图像特有的方式参与到现代都市商业文化的建构。

我们以附录8来简单梳理一下对清末民初石印图像演变的分析。该图表以同一题材的版画——《宝钗扑蝶》为例,总结性分析比较了从雕版到石印到彩色石印各个不同时期印刷图像所呈现的不同面貌特征及其综合成因。雕版印刷盛行期间,文学插图多以木雕版印刷,图像带有文学性,用以配合文本,辅助文字说明。由于雕版印刷有严格的工艺流程,讲究不同工种的分工协作以及代代相承的程式化创作,表现出来的图像特点为:象征性、概括性、线描性和装饰性。当石印术逐渐替代雕版印刷时,出现了以图像为主的新的流行性石印刊物——画报。画报因其新闻性质,其表现内容往往更贴近生活,而所运用的石版印刷相较雕版印刷在技术手段上也更灵活、丰富、细腻和个人化,这样,石印图像上呈现出更自然的西洋透视法和明暗塑造感,画面更写实,带有描述性。又由于这一时期在技术和观念上共同存在的过渡性质,此时的石印画往往将中式线描与西式塑造相结合,呈现中国画韵味,但又有别于传统图像。而随着石印技术的进一步发展,五彩石印得到广泛运用,新闻摄影又日趋成熟,于是石印图像开始分流。摄影画报逐渐替代石印画报,石印画则不再限于忠实再现新闻时事,而是与其他印刷工艺相配合,以不同形式综合运用于出版领域。或追求该特定技术所支持的特殊风格和独立艺术价值,于是出现了大量石印讽刺画、装饰画等;或转战商业领域,月份牌广告画则成为最具代表性的彩色商业石印画。月份牌的制作结合了五彩石印和擦笔水彩技法,使得彩色印刷最大限度地还原原画面貌,呈现逼真的摄影效果,此时的画面仅在表现内容和人物形象上还带有中式痕迹,总体上已经完全是再现性的西洋绘画风貌了,成为新时代的流行美术。

石印术在中国出版印刷界风行了短短三十余年,其时恰逢清末民初新旧文化交替的重大变革期,在中华民族抵御外来侵略救亡图存的同时,有识之士也在为民族文化苦苦寻求出路,石印画面貌的变化也反映了该时代的文化变革方向和速度。

当石印术初次传入中国时,其新颖的技术和有别于雕版印刷的优势便被国人善加利用,但西来的技术和由此技术产生的艺术样式与本土源远流长的雕版印刷技术和传统图像体系在本质上不同,依托不同技术产生的图像存在面貌和理念上的显著差异。但国人秉持开放的态度,坦诚地接纳新技术,并努力将之与旧有体系相融合,寻找两者可能的结合方式。当时的石印画显得稚拙、中庸、谨慎,并不完美,处处显出一种初期阶段的实验和探索痕迹。就像这张图像(见图5-61)中的女孩子,亦步亦趋,小心翼翼地学习如何掌握这种当时的新奇玩意儿"飞轮车",画面也显现出这种小心翼翼和略显别扭的搭配。女孩的装扮和神情还是小家碧玉型的传统仕女模样;作为晚期石印画报,画面在黑白处理和透视表现上已经颇成熟,但画面题字,线条表达等,处处传递出一种传统绘画气息;画面的精神面貌也是含蓄和谨慎的,就像画中女孩给人的印象,表现出一种内敛和节制。而几年之后,我们看到同样题材的石印广告画(见图5-62),气息已完全不同。画中的一切元素都是那样顺理成章,浑然天成,略微仰视的视角,合理的透视,概括而肯定的构图,丰富的色彩和微妙的明暗过渡,户外明朗的阳光、新鲜的空气、秀美的自然景象等,一切

图5-61 《新新百美图》民国初年,沈泊尘绘,张丹斧题诗　　　图5-62　月份牌,1940年代,杭稚英绘

元素都恰到好处地衬托出主人公的朝气蓬勃和独立自信,女孩笑颜如花,阳光洒在昂扬的脸盘上,更显其饱满和美丽。她一身利索的短打,健康、挺拔,俨然一位时代新女性,显而易见,她已经是一位骑行能手,自行车是被她熟练驾驭的现代工具。就像此时的石印技术,那种早年的生涩和犹豫早已消失,技术和形式都为个性化的创作所使用,技术与形式已融会贯通,形成完美搭配。

三、教育领域——石印技术对清末民初的国民教育做出重要贡献

我们已经知道,当商业出版家最早开始尝试石印技术时,是将其用于对经典古籍的印制,进而集中印制科举参考书,以满足庞大的市场需求。这样,对于以科举考试制度为象征的中国传统教育体系运转的最后二十年,石版印刷扮演了重要角色。

而当科举被废除,清政府开始实行新的西式教育政策,在各级城镇乡村相继开设了大、中、小西式学堂,这些学堂需要大量的新式课本与之匹配,此时,石印技术同样参与其中,清末民初的许多小学课本就是用石印技术印制的。

但是,石印在教育领域的更广泛和深远的作用在于通过大量流通的各类石印刊物和石印图像对城市居民的图式形象教育,这是一种对生活方式、思想观念的潜移默化影响。比如以《点石斋画报》为代表的时事画报中对新闻、时事、洋务、新知的介绍,以及图像中随处可见的对通商口岸城市各行各业和日常生活的事无巨细的现实主义描绘。可以说这些画报是反映当时时代的一面镜子,人们通过镜子审视自己的生活,也更了解了自己的时代,这些画报也为后人留下一部图像历史。而以月份牌广告为代表的商业图片则以丰富多彩的形式与各类商品相结合,无处不在地充斥着人们的日常生活,其时尚新颖的图像语言和暗含的商业推销策略持续性地灌输着商业社会特有的消费文化,强化了一种所谓"现代化"和"洋派"的生活方式。并且通过非传统的、大胆的西式图样冲击人们的视域,进而作用于观念,培养了城市居民更为兼收并蓄的开明思想。

我们将从以下三个方面进行具体分析。

(一) 在传统文化教育方面的贡献

晚清的石印出版物以石印画报为代表,后又出现石印商业画,成为石印技术在中国发展的又一项成就。但该技术最初之所以能够在中国立足并广泛应用是在于其单纯地在影印复制方面相对于传统印刷术的优势,尤其是对传统经典的复制。

最初的墨海书院以及土山湾印刷所用石印技术复制宗教书籍,随后商人美查涉足石印,很快意识到要将市场的需求与技术相结合,以获得最大收益。当时中国书籍市场的最大消费群体就是读书人,特别是要参加科举考试的书生。而他们的需求是科举时期的"教科书"和"教辅材料",即士子必读的正编典籍、八股时文等。美查抓住了这个商机,用成本低廉的石印技术印制的科举书籍售价也大为降低,结合影印又可以缩小印刷,便于出行携带,因而广受欢迎,获得了巨大的市场成功。于是,各出版商群起效仿,石印科举书籍风行一时,复制这类传统工具书也成为早期石印技术的一个重要应用领域。同时,也正是因为石印书的易于获取,相应加快了文化的普及,尤其是对应于传统教育系统的知识和概念。除了科举书籍以外,大量的古籍经典也得以影印,那些深藏内府、束之高阁的大部作品以及孤本、古画、名帖得以面世,普通市民也能够分享到文化经典。太平天国运动之后,为恢复被破坏的经典藏书,弥补文化损失,复印古籍更是受到官方支持,石印书局配合官书局抢救印刷大量被毁古籍,保持了传统文化的延续性。所以,可以说石印术在应和科举教育、普及传统文化方面做出重要贡献。

科举的废除对晚清的石印业来讲可说是一大打击,但除去科举书籍以外,石印影印技术仍持续使用在古籍字画的复制上。即便后来石印被改良铅印术取代,大量的印刷市场份额被其他印刷术挤占,古籍和字画的复制仍然是以石印以及由石印发展而来的五彩石印和珂罗版技术为主。尤其是民国年间,大书局、国家藏书单位,如商务印书馆、博古斋、上海古书流通处、南京中央图书馆、故宫博物院等大力影印珍本古籍①。一些文化界名流也将自己收藏的珍贵文物,影印成册。不仅挽救

---

① 见李培文著的《石印与石印本》(《图书馆论坛》1998年第2期,第79页):"成就最大的当首推商务印书馆。商务自民国三年起到解放初期编辑影印的古籍丛书约三十余种,其中民国八年至二十五年陆续出版的《四部丛刊》及其续编、三编,三编,收入宋元明善本477种,11 896卷,共3 100册。称得上是古今影刻、影印图书之巨著。其他如《百衲本二十四史》《续古逸丛书》等也均为学术界所称道。"

了一批濒于沦亡的传统文化遗产,而且解决了学者寻求古书的困难。所以说在古籍保护和推广方面,石印的作用功不可没,石印技术在对于经典善本的保护和民间推广方面自始至终起着积极作用(见图5-63)。

图5-63　《顾若波山水集册》,有正书局,民国十六年(1927年),珂罗版

(二) 在新式教育方面的贡献

甲午战争后至清朝末年,变法维新运动蓬勃展开,介绍西方政治思想、科学技术的书籍成为当时石印出版的热点,一时之间,市面上涌现大量石印西学经典。影响较大的有光绪二十一年上海醉六堂印行的《西学大成》、同年上海鸿文书局印行的《西学富强丛书》、光绪二十三年上海慎记书庄的《西政丛书》、光绪二十七年上海宝善斋的《富强丛书》等[①]。作为普及型读物,这类书籍多印制粗糙,但却十分具有

---

①　徐维则撰:《东西学书录》,清光绪二十五年石印本。

现实意义,为清末民初这个中国社会的重要转型期,为即将到来的新民主主义革命在群众中普及新知、启蒙心智和贮备革命文化力量方面做出重要贡献。

另外,洋务运动、维新变法、清末新政、废除科举等一系列历史变革也推动了晚清的教育改革。洋务派兴建新式学堂,拓展教育内容,将西方器物文化纳入教育大系;甲午之后,积极推行新式教育以振兴民族的要求更为迫切,促进了学制的改革,形成小学、中学、大学的三级学校制度,从而根本上改变了官学、书院、私塾形式的传统教育制度。

京师同文馆是洋务派创建的第一所新式学堂,其教学内容除了外语以外,还包括算学、化学、万国公法、医学、生理、天文、格致等课程,这些西学内容从来没有在官办学堂系统开设过。在封建教育制度下,无论是基于八股取士制度还是主张经世致用,其基本的教学内容仍然围绕在对《经》《史》《子》《集》这些经典的解读。而新式教育则需要全新的教材并诉诸全新的教学模式。配合新式学堂的建立,也要发行与之相应的教材和读本。对于天文、地理、格致、算学等西方近代自然科学知识的传授需要图文并茂的详解,即文字说明必须配合严谨准确的详细图解。当时石印尚不普及,此类刊物的印刷多为铅印加铜版。其时由传教士丁韪良(William Alexander Parsons Martin)创办于北京的《中西闻见录》[①]及其续刊《格致汇编》都有大量篇幅介绍西方近代科技,文字中夹杂大量的高品质图像,使得文字所介绍的科技内容更直观,可谓配合洋务派教育方针的刊物。

但洋务派教育改革策略具有狭隘性,其规模也是有限的,如京师同文馆的招生对象主要集中在八旗子弟、科举士人等,并不是现代意义上的普及性教育。与之相配套的教学资料的印制也使得新式教育在当时尚不能普及。《中西闻见录》之类的刊物的出版仍属于个体行为,多为外国传教士利用其身份和采集资料的便利在中国发行的。又由于当时印刷条件和印刷方法的限制,书中图片多为来自境外同类书籍的昂贵的铜版图像,导致售价不菲,也影响了发行规模。

新式教育真正开始普及要等到光绪末年,其时教学新政的推行配合以新技术印制的价格低廉的新式教材的推广,才使得现代教育步入发展的正轨。中国近代

---

① 于1872年8月在北京创刊,由京都施医院主持,美国传教士丁韪良、英国教士艾约瑟和包尔腾等人主编。后来艾约瑟和包尔腾离开北京,主要的编辑工作便由丁韪良负责。见李娟著:《丁韪良与〈中西闻见录〉》,载《中华读书报》,2006年5月24日。

学制及掌管教育的学部的建立在康有为的《请开学校折》中已具备较合理的设想，并在百日维新运动中部分地实施了①。此后，虽然维新运动在戊戌政变中被镇压，但改革是大势所趋，对新式学制和学堂的建立以及教育内容的改革在清末新政期间得以持续。1902 年 8 月 15 日，张百熙主持拟订了《钦定学堂章程》，由清政府颁布，是中国教育史上第一个由政府公布的法定学制系统。比如其中对小学堂的教育内容规定包括：修身、读经讲经、中国文字、算术、历史、地理、格致和体操，另视具体情况酌加图画、手工等课目。教学方法"以讲解为最要"，防止死记硬背的注入式教学。1905 年科举废除，学部成立，不久又通令全国设半日学堂，专收贫寒子弟，不收学费，不拘年岁，并规定各类小学堂均归劝学所主管②。

新式教育的实施是基于国家政策的强制贯彻和统一执行的。配合新政，从学堂建立、学制规定到教学内容的设计都是全新的，一系列符合新教学内容的新式教科书的统一印制也是当务之急。教科书是教育新政开支的一个重要组成，而在清末国家财政紧张的情况下，必须找到一个行之有效的解决办法。新式教科书的内容新、数量大、多数课目需要图文并茂的教材，对于低龄学生的初等教育又需要考虑教材的生动性，以通过循循诱导培养兴趣，在保证这样的品质的同时又要考虑财政预算。这样，只有采用石印术来印制新教材最为合适。所以晚清新政时期出现了大量石印教科书，尤其是小学课本。由于这些课本是由各省兴学机构依据中央政府的学堂章程设计内容并指派专门人员和印刷机构编辑制作的，所以规格和内容大同小异（见图 5-64）。文字为大号铅印，图像有铜版、石印，图文编排生动有变化，图像形式多样，有简要说明性的，不特别强调造型的，类似传统图式的线描稿，又有严谨塑造的西式写实画面，根据教学内容的需要，灵活选取。而更值得注意的是书本中间或有一整张用当时最新五彩石印技术印制的彩色图片（见图 5-65），

---

① 见金林祥主编的《中国教育制度通史》（第六卷）（山东教育出版社，2004，第 200 页）："康有为……在 1898 年 6、7 月间上《请开学校折》向光绪帝建议'远法德国，近采日本，以定学制'，以西方资产阶级学校制度为榜样，'遍令省府县乡兴学'。具体言之：小学遍布于乡，'举国之民'自 7 岁入学，学制 8 年。'其不入学者，罚其父母'……中学立于县，14 岁入学，分初、高等两科，各 2 年，除继续学习普通科学文化知识外，加授外国语和实用科学。初等科毕业后，可升入专门学，专门学则设置'农、商、矿、林、机器、工程、驾驶，凡人间一事一艺者，皆有学'。中学、专门学毕业后可升入大学。大学设经学、哲学、律学、医学 4 科。省府可立专门高等学校，首都则设立一所规模较大的京师大学……康有为在奏请兴学的同时，就提出了建立学部的要求。他说：'若其设师范、分科学、撰课本、定章程，其事至繁，非专立学部，妙选人才，不能致效也。'希望通过设立学部来管理日益增多的新式学堂。"
② 金林祥主编：《中国教育制度通史》（第六卷），山东教育出版社，2004。

图 5-64 《初等小学国文教科书》,清
光绪三十年(1904 年)由商
务印书馆首印

图 5-65 《初等小学国文教科书》中的五彩石印插图

使得课本在内容上更丰富和有吸引力,符合新政对此阶段教学的要求。石印图像
配合其他现代印刷技术,使得新的教学课本贯彻了新政的精神,多种现代学科的知
识内容融解在了活泼的版面和丰富的图文中,令学习变得直观有趣,新的文化知识
从小学阶段开始影响中国下一代心智的发展。

(三) 石印画报和商业美术的教育作用

　　除了在体制内的新旧教育中,石印刊物对传统教学和新式教学都有所贡献以
外,石印在教育方面的更重要的意义在于其在清末民初新旧社会交替之际在民众
教育方面所扮演的角色。这种教育是通过石印大众出版物的社会影响实现的。这
些出版物在内容和表现形式上潜移默化地影响着人们的思想和行为,石印画报和
商业美术在这其中的表现尤为突出。

　　1. 画报的教育作用

　　早期石印画报的流行有效地起到了传播西学和新知的作用。画报是新闻纸的
一种形式,作为文字新闻的补充,多数画报的主要内容为以外交、战事报道为主的

国内外新闻或西学新知,也包括一些里巷杂谈、奇闻异事等以增添趣味性。各类画报侧重面或有不同,但都强调一个新闻性,并尽可能基于事实基础。对于门户初开的晚清国民来说,这些报道新奇事件的石印画报是一扇了解域外风情、西学新知的窗口,也是了解所处时代、洞悉时局的渠道。图像的解释使得文字新闻变得直观易懂,而对于当时不识字的广大民众,比如多数妇女,画报为其提供了接受教育、获取资讯的平等机会。

石印画报的低廉成本使其能够被大量印制,广泛散布,并频繁更新,从而加快了新闻和知识的流通,并保证了所载内容的新鲜和时效性。石印图像的高品质使其深受民众欢迎;并且,描述性的图像拥有较强的叙事功能,能够把新闻事件的来龙去脉交代清楚,把新知西学的要义阐释明了,辅以简要的白话文字说明,其内容更易于为普通民众所理解。此外,连环画等纯图像形式的石印出版物也逐步普及,同样起到了文字所不具备的图像教育功能。

更有画报直接以启蒙兴教为宗旨,在内容上有意识地选取现代科学和文化知识以及西方的社会政治制度。比如北京的《启蒙画报》(1902 年),以儿童为对象,内容包括古今伦理、舆地掌故、科学技术和政治时事等。而更著名的是《童子世界》(1903 年,由蔡元培、章太炎创办的爱国学社所办的一份综合性少儿刊物)[①]。它的办报宗旨是向儿童传授知识,播种革命思想。每期内容有历史、万国地志、博物化学等方面的知识,并常以专题形式宣传民主革命和抨击当时社会制度。

1900 年以后,白话报纸开始兴起。为开通民智,在底层民众中获得响应,各报纸增刊白话专栏或报馆专设白话报纸,往往以石版印刷,并通常配以图像(此时的图像已不再是单纯的现实再现,而是出现了多种新的形式,包括更具意识形态色彩的漫画、政治宣传画等),可以说是画报形式在新的历史时期的新发展。这些报纸不再像早年的各大字报那样主要针对知识阶层,此类白话报的主要读者是教育不足的中下阶层民众,兴办目的在于"开愚""启智"。通过白话文和漫画图像将启蒙

---

① 前期以油光纸石印,后来采用铅印。初为日刊,每期 3 页;第 21 期起改成双日刊,每期 6 页;第 31 期起又改成旬刊,每期 50 页。1903 年 6 月,出版第 33 期后,由于发生《苏报》案,爱国学社遭查封,因而被迫停刊。见上海市地方志办公室 http://www.shtong.gov.cn(首页——专业志——上海青年志——第六篇 青年文化——第二章新闻出版与广播影视——第一节 新闻出版)。

思想以通俗易懂又生动有趣的方式传播给文理粗通之人以及妇孺儿童。辛亥革命前期,各革命社团更是有意识地兴办白话报纸和画报,向更广大的劳动阶层宣传时事政治和改革主张,争取民众的支持。如革命党的机关报《民立报》就在其杂录部每天刊载白话小说,同时又增设《民立画报》。到了这个阶段,石印画报所肩负的对民智的开启任务不再仅仅停留在对西方科技知识的科普性介绍了,而是由启蒙思想升级到救亡运动,集中到对革命思想的宣传。通过经选择的社会图片和讽刺漫画来揭露现有制度的腐败和社会的不公,并有针对地介绍西方的哲学和政治,宣传民主与法制、自由与平等的进步思想,促进民众思想觉醒,为即将到来的民主主义革命的民众认识做铺垫。

在 18 世纪和 19 世纪的中国,粗通文字者,男性大约有百分之三十到百分之四十五,女性则约百分之二到百分之十[①]。所以,无论是如《点石斋画报》一般的精美图像结合文言注解,还是后期如《民立画报》那样讽刺漫画结合通俗白话,画报图像在清末民初时的中国社会中传播信息、启蒙教育所起到的重要作用是毋庸置疑和无可替代的,使得在以报纸杂志形式开晚清现代风气的大背景下,更广大的下层民众也得以受益于现代技术与媒体所带来的启智与教化作用,新文化运动也因之得以波及整个社会。

2. 商业美术的教育作用

我们从两个角度来分析商业美术的教育作用:商品图片(包括出现在广告中的商品形象、商标和商品包装)以及宣传广告(如月份牌广告画)。

1) 商品图片

石印商业海报、包装、宣传品等的核心内容是对商品的呈现和宣传,琳琅满目的商品图像会出现在这些宣传纸上。这些日用商品正是城市经济的组成部分,对它们的辨认和使用正是现代都市生活的重要内容。商品经济和都市生活的抽象概念正是通过这些具体的商品加以表达和传播的。并且更多情况下,这些概念不是通过对具体商品的消费过程获得,而是通过商品图像对视觉的持续刺激来强化的。由于广告中的很多产品并不是底层百姓以及乡镇居民所能消费的,所以大众对都

_____

① 李孝悌著:《清末的下层社会启蒙运动:1901—1911》,河北教育出版社,2001,第 24 页。

市生活的概念和印象往往就由这些平面图像所勾勒出来,而广告招贴对图像的润色和美化又能进一步激发人们的想象,五颜六色、丰富多样的现代商品图片拼凑出所谓的都市想象。通过这些商品图像以及人们或准确、或偏差的都市想象,各阶层民众在心目中建立起了五色杂陈的都市概念。另外,随着这些城市消费品的出现,商品图像所作用的对象,即市民阶层也同时成为商品消费者,并逐步建立起消费观念以及与之相应的消费习惯。于是,以消费文化为代表的现代商业文化逐渐出现,成为都市文化的重要组成部分。

2) 宣传广告

商业文化除了以广告中的具体商品形态加以物化表现外,还以更含蓄的图像语言形式融化在以月份牌广告为代表的商业广告画中,表现为对消费行为和消费理念的诠释。商品消费是都市生活的重要组成,从某种程度上说商品为市民阶层带来了身份的辨识,是市民教养的物化体现,商业文化与都市文化彼此相互渗透,互为表现。与现代商业文化相伴的"时尚""现代""先锋"等概念也逐渐为都市人所认识并追崇。所以,广告画所表现的内容和表现的形式既是一种对消费行为的引导,又是对城市文化的一种直观反映。

(1) 人物形象。早期月份牌中人物形象还带有晚清仕女画特点,低眉顺目、神情冷漠、体态羸弱、动作拘谨、个性模糊,有种怯生生的病态感。这可能正是当时女性形象的一种写照,也是晚清女性社会地位的一种侧面反映,是附属的和群体化的。这样的形象符合当时社会的共识,而对于当时的女性自身来讲个性化的自我意识也并不强烈(见图5-51)。

随着商家对女性消费群体的关注,也随着月份牌绘制技术和形式在逐步发展,人物造型也渐趋变化。女性形象开始变得丰满圆润,脸部饱满红润,妆容艳丽;眼神大胆,眉目传情;在裁剪合体的时装下,体态显得凹凸有致;其姿态也尽显女性性感妩媚,甚至颇为撩人。有些造型和姿态直接模仿自海外电影明星广告,神情更是洋味儿十足,充满世纪初新女性的那种自信和活力。加上彩色石印愈加浓艳的色彩运用,使画芯中人物更显光彩耀眼,这样的美丽不再是含蓄的了,而是鲜活生动的(见图5-50、图5-58)。

另外,广告画中的新女性不仅在穿着打扮上大胆入时,勇于自我展现,还在细节上体现出一种思想的解放和张扬的个性,比如有不少画中女子所阅读的书籍有《天演论》《航空术》等(见图5-51、图5-52),而不少女子从事的活动也显示出一种奔放和豪情(见图5-49),说明这些人物不仅外在新潮,思想也前卫、大胆,并接受良好文化教育。另有女子优雅地品评洋酒,熟练地抽着洋烟,举手投足彰显着个性,并展现别样的摩登魅力(见图5-47、图5-54)。这样的人物精神面貌完全不同于前期月份牌中的造型,与传统画作中的女性形象拉开差距。

广告中的这些形象描绘的是清末民初新兴城市中出现的新女性形象,其摩登感和现代感除了表现在妆容和仪态上,更是体现在精神面貌上,一改以往的谦卑、怯懦,而变得自信、积极。这既是时代形象的反映,更是对新女性形象的一种肯定和赞许。商品复制和流通的过程则将这样的形象推广到全社会,甚至乡镇,从而引导了一股女性解放的潮流。

(2)生活方式。广告画中还经常展示理想中的中产家庭景象:在布置着西式家具的明朗厅堂内,年轻漂亮、身着洋装、举止优雅的夫妇或姐妹妯娌闲适地倚靠在款式新潮的沙发或扶手椅上,两三个健康可爱的儿童嬉戏于左右……这是传统全家福式的图景在新时代的演绎,只是背景的配置和人物的活动改变了(见图5-66、图5-67)。同年画中的全家福图像一样,这类作品展现的是一种温馨安逸的家庭景象,将来自西方的中产阶级家庭观与中国传统家庭观相结合的形式也更易为中国民众所接受。封建社会和资本主义商业社会都提倡建立稳定的、统一形态的家庭单位,家庭既是社会稳定的基础,也是商品消费的基本单元。只是后者的家庭形态在规模上相对缩小,这种典型的小规模中产家庭在物资上无法自给自足,只能依赖对商品的消费,是各类已转换成商品的生活物资的主要供给对象,是商品经济的构成基础。

大量的商业广告利用中国传统社会对家庭观念的重视,甚至利用民间版画中的图像样式,有意识地将家庭概念推陈出新,培养起新型的家庭观。而这种现代消费社会的所谓理想的家庭图景则是由物质化的商品所包装表达的。比如作为画面背景的窗帘、地毯、摆设、西式地砖、吊灯等,看着像家具市场的展示角;而画面人物从头到脚的装扮,把玩的物品也像是商场橱窗中的展示;甜蜜喜悦的神情也都千篇

图 5-66　宏兴药房广告,1940 年代,杭稚英绘　　　　图 5-67　奉天太阳烟草公司广告,1930 年代,杭稚英绘

一律,就像商场中的各色促销员所拥有的同一张笑脸……这些商品广告画正是依托"家"的概念,传递消费的观念,并且通过概念的置换,使得消费品成为家的代表,对商品的消费成为一种生活方式,如何进行消费,消费何种产品成为一种生活风尚。其对人们潜移默化的影响是:这些现代商品、现代的生活方式就是家庭的概念和组成。这些广告图像则成为人们行为举止和生活方式的蓝本。置身其中的都市市民也就渐渐认可了这一观念,不知不觉间建立起了消费的观念并养成全新的行为,顺应社会形态的转换,由原先耕织于乡野的农民转换成了穿行于工厂与商场的城市产业工人和商品消费者。

（3）时尚潮流。商品与时尚永远捆绑在一起。富余的商品的非实用部分就成为一种时尚和概念,传递的是一种生活态度。当人们的消费行为建立起来后,自然会产生对时尚的追求,而对时尚的追求往往导致非理性的消费,加快资金的流转,因而广告画除了帮助培养商业社会的消费大军以外,还推广着时尚的概念,成为都市摩登的展示平台。

女性从一开始就引领着商品消费,对时髦、风尚的追求也使得其对时尚格外敏感。所以,时尚领域历来主打女性产品,或以女性为代言人。表现在广告画中,便是出现形形色色的时髦女郎,穿戴着新潮玩意儿,摆弄着摩登姿态。这样的时髦女郎大量出现在商业广告画中,成为城市妇女在穿着和仪态上的效仿对象,也为乡村地区的人们描画出了都市时尚。

而摩登女郎独立自主、大胆自信的气质也微妙地影响着时代女性,促成民初妇女自我意识的觉醒。

(4) 信息资讯。商品广告的教育作用还体现在信息资讯的传播上。作为信息媒体的组成部分,商业广告与文学、电影、戏剧、广播等一样,传递着多层面的信息。在老上海,电影虽然已经流行,但由于票价和场次的限制,仍不是普通百姓能经常性消费的;文学则永远是小众的享受,即便通俗文学也需要识字的能力,而在当时的中国,文盲的比例决定了以文字写成的东西无法在群众中普及。所以,以月份牌为代表的大街小巷随处可见的商业美术的流行度远较电影和文学广泛,石印图像再次担当起传播信息的重要作用,这次则是以丰富直观、五色斑斓的形象世界来传递生活的信息和新潮的观念。这些商业广告可以说是充当了现在的电视媒体的作用。举一个直接的例子,作为老一辈上海人,我的外祖父在我小时候经常提到喜剧明星卓别林这个人物,就像当时的许多好莱坞明星那样,卓别林在三十年代的上海几乎是家喻户晓的,但作为出现在电影里的人物,并不是每个人都有机会看到,当时的上海并不是人人都有机会去影院观看外国片的,我外祖父就没看过,但人们之所以知道这个人物,就是因为这个形象就像当时风靡世界的其他好莱坞明星的形象,早已成为一种广告代言充斥在当时的各种商品广告中了。

石印利用其高效低廉的复制手段,以及有别于传统凹凸版印刷技术的影印、缩放功能抢占了教材、参考资料的生产份额,并与现代印刷业相结合,将之扩展为规模化生产,为广大书生、士子创造了实惠。石印技术对古籍字画的复制,以及低廉的零售价格,也使得传统文化艺术的重要载体——书籍,尤其是限量的珍本、孤本,从特权阶级普及到广大群众,大大拓展了文化教育的覆盖面。在资金匮乏、设备有限的新式教育系统的早期建立过程中,石印技术又凭借其低廉的成本以及复制影印和图像表达方面的优势成为教材建设的首选,特别适用于内容浅而杂,又需兼顾形式丰富有趣的初等教育课本,因而石印在城乡新式教育的基础文化普及中扮演重要角色。

石印技术利用其高品质的图像复制技术将图像纳入印刷出版系统,使印刷图像以不同形态出现在不同出版媒介上,扮演不同角色,承担不同任务。这些石印图像与新闻系统和商业系统相结合,并利用后者作为大众传媒的特点在群众中广泛流通,以图像特有的形象化的语言传递资讯,并以图像特有的教育方式潜移默化地影响人们的思维、观念和行为习惯。对于清末民初城市平民阶层的信息文化普及以及都市文化的形成起到了积极的作用(见图5-68)。

图5-68 上海的街边报刊亭

四、石版印刷的衰落

在前文中已经提到,石印在清末民初的传入、发展和流行都与该技术的复制功能有关。基于业界对成本和效率的一系列实用性考虑,石印替代了原先历史悠久的雕版印刷,在新兴的近代商业印刷领域获得巨大成功,成为一个时期的主流印刷技术。

但也正是由于上述唯功能性和商业性的目的,使石印的"技术"特性在发展中始终起主导作用,相对独立的"艺术"特性并没有得到应有的关注和充分的发展。这一点,不同于西方19世纪末艺术家积极参与创作各类独立的石印艺术作品的情形,也不同于中国1930年代的新兴木刻版画运动。在上述两种情况中,由于不同类别版画的独立艺术价值和特殊表现力受到关注,使得技术能够摆脱功利性,而在艺术领域获得更广阔的发展空间和更绵长的生命力。而中国的石版画却始终依附于出版业和商业,这也决定了技术因素既能够成就中国的石印,也能够同样迅速地将之淘汰。一旦有更具优势的新技术出现,石版印刷便被自然替代。

当石印刚传入中国时,具有多方面显著优势:高效、廉价,对本土手工纸的适应,加上照相石印的缩放功能等,这些理所当然为商家所看重,很快被用来复制古籍和应试书籍,取得巨大利润。继而发展出图像新闻形式的石印画报,大受欢迎,再次获得市场成功。从此石印业一派兴隆,几乎与铅印平分印刷市场的天下,一个用于文字,一个主要用于图像。这样,即便在科举考试废除后,面对考试用书市场锐减的冲击,石印在图像新闻领域仍然占据重要的市场份额,并且还进一步在图像生产上拓宽市场。这方面在上文中都已论述。

所以,造成石印衰落的真正原因在于其他印刷技术的改良和新技术的应用,以及后来由于石印术本身的局限性所造成的其对新时代、新需求的种种不适应。

几乎与石印进入中国的时间相重合,胶印、珂罗版等技术也在晚清先后进入中国,铅印甚至更早。但当时的这些印刷术在技术上尚不尽如人意,而且运行成本高,对机器和纸张等有特殊要求。所以无法与石印竞争,尤其是在印刷图像方面。但情况很快就发生了变化,在石印业风光之时,其他技术也在加速革新,不久,改良的技术纷纷涌现,都对石印造成威胁。

首先是照相铜版:将摄影术与铜版结合,比照相石印大大迈进一步。"1881年美国人艾夫斯(Ives),1882年德国人麦森巴赫(Meisenbach)利用小孔成像原理,发明照相时加网纹,获得由细小圆点构成的图像……就产生了'照相铜版'。后来用分色原理,又产生'三色铜版'①。"其优点是网纹细腻,图像层次丰富;缺点是幅面小。

其次,珂罗版由德国人约瑟夫·阿尔贝托(Joseph Albert)发明于1869年②。将图画的照相负片反扣覆在涂有感光材料(重铬酸钾)的厚玻璃上,感光后直接可以印刷。优势是复制图像极为细腻,接近照片效果,所以多用来精印字画。缺点是珂罗版的这种感光胶在玻璃上的附着力不强,一个版只能印100多张,而且版面做不大③。

而胶印的出现更是彻底改变了印刷业的格局。胶印是在石印基础上发展起来的改良平版印刷。其想法最早产生于用平版方式印制食品罐头上的图案,由于橡胶有弹性,在这种曲面上印刷,比石版和铅版都要效果好。1904年美国人鲁贝尔(Rubel)又将这个方法用于纸张印刷④。基本手法是用"薄的亚铅版作印版A,装在着墨滚筒上;再增加一个橡胶滚筒B,作为转写;载纸滚筒C接受B的转写,完成印刷⑤。"胶印的优势是质量好且快,印版便于保存;层次丰富,质地细腻,对照片的还原优于照相石版和照相铜版,而且印刷幅面不受限。这样,很快文字和图像都开始使用胶印了。而现代印刷普遍使用的PS版正是在此基础上发展起来的,采用预先在版基上涂布感光层的镁铝合金板作为印版,基本原理和胶印一样。

除了印刷技术的改良,材质和产品形态的变化也反作用于技术。以纸张为例,石印技术和中国手工纸一直配合良好,而且由于单面印刷,装帧形式也采用传统线装。这一方面可以说是早期出版商对中国传统印刷版式的尊重,同时也是出于对成本和市场认可度的考虑。但是随着印刷业的日益发展,印刷技术的改良,印刷速度的加快以及社会对印刷品的需求的增加,原先用于石印的连史纸已经不能适应迅猛发展的现代印刷工业的需求,而此时进口机制纸的价格也一再下降,开始代替连史纸成为印刷首选。机制纸虽然也有缺陷,但可以两面印刷,配合这样的印刷,

---

① 石宗源、柳斌杰总顾问,汪家熔著:《中国出版通史(7):清代卷(下)》,中国书籍出版社,2008,第123-124页。

② 张秀民著,韩琦增订:《中国印刷史》,浙江古籍出版社,2006,第444页。

③ 石宗源、柳斌杰总顾问,汪家熔著:《中国出版通史(7):清代卷(下)》,中国书籍出版社,2008,第123页。
见苏新平主编的《版画技法(下)》(北京大学出版社,2008,第294页):"每块'珂罗版'只能印刷1 000至2 000张印品。"

④ 石宗源、柳斌杰总顾问,汪家熔著:《中国出版通史(7):清代卷(下)》,中国书籍出版社,2008,第113页。

⑤ 同上。

洋装版式开始流行。而此时,留日学生在译著、印刷、出版方面的积极推介和活动也加快了洋装书在中国的流行①。新的纸张性质和版式装帧都需要更快更好的新印刷技术与之匹配。这样,流行了三十多年的连史纸配合石印,加中式线装的石印出版模式告一段落。

在这新技术的重重挑战下,在印刷业飞速发展的时代车轮下,石印本身的缺陷日益暴露:石板笨重,搬运不便,在印刷机上的运动速度慢而且只能平铺往返运动;同样由于石板的笨重,石印从根本上制约了印刷的尺幅(巨大的石头无法操作);印刷压力控制不好,图片质量不稳定;印版附于石板,难以保存等。

与此相比,这些改良印刷术和新技术的综合出现,则能完全弥补这些问题。印刷的速度变得更快且质量稳定;图像更清晰,层次更多,色彩更精美;印刷能够应用在不同材料和不同形状的商品上;各种手法易于配合,产生综合视觉效果。

这样,曾经风光的石印技术再也无法适应新的时代和融入新的印刷生产结构中了。石印画报被摄影画报替代,并且采用胶印印刷;石印商业广告也普遍采用胶印;石印古籍复制则被珂罗版替代。终于,清末民初的石印时代宣告结束。

---

① [日]实藤惠秀著,谭汝谦、林启彦译:《中国人留学日本史》,三联书店(香港)有限公司,1983,第252页。

附　　录

附录 1　中国早期石版印刷术的沿革

年代	背景	事件	采用印刷术和工具材料	印刷物	代表刊物	阅读人群
19 世纪上半叶	中国处在"禁教"状态，中国政府禁止在中国印刷宗教小册子，传教士不能在中国公开传教，只能以南洋为基地向澳门、广州等地区逐步渗透	传教士先后建立马六甲印刷所、新加坡印刷所、巴达维亚印刷所，成为 1842 年以前传教士在南洋建立的三大印刷基地①	雕版、石印、活字，后经成本核算，开始以石印为主，石板和油墨等原材料均需进口	教会读物，西方书籍译本，中文书刊	《东西史记合记》（又称《东西史记和合》，为最早的中文石印书籍）②	教众
1832 年起	鸦片战争前夕	外国人陆续在中国开办石印所③，中国第一个石印工：屈亚昂④	石印	中文布道书等	《各国消息》（现存最早的石印书刊）⑤	教众

本表部分资料来源：

《中华读书报》，2004 年 7 月 21 日。

韩琦著：《晚清西方印刷术在中国的早期传播——以石印术的传入为例》，载韩琦、［意］米盖拉编：《中国和欧洲·印刷书与书籍史》，商务印书馆，2008。

宋浩杰：《土山湾记忆》，学林出版社，2010。

① 苏格兰新教传教士威廉·米怜（William Milne, 1785—1822 年）（属伦敦传道会）于 1817—1822 年在马六甲经营和监管教会出版事务。

英国传教士麦都思曾于 1830—1831 年间在巴达维亚（今印度尼西亚雅加达）用石印术印刷中文书籍，见《晚清西方印刷术在中国的早期传播——以石印术的传入为例》，载韩琦、［意］米盖拉编《中国和欧洲·印刷书与书籍史》，商务印书馆，2008，第 116 页。

② 1828 年/1829 年，由麦都思印制，见苏新平主编：《版画技法（下）》，北京大学出版社，2008，第 295 页。

据维基网又称《东西史记和合》作于 1829 年，巴达维亚。

但据《上海通史》第六卷《晚清文化》（熊月之主编，上海人民出版社），第 91 页："麦都斯首先在巴达维亚印刷所将石印技术用于中文书籍印刷，第一本是 1828 年出版的《中文课本》，第二本石印中文书是《东西史记和合》，1829 年在巴达维亚出版。以后，巴达维亚出版的许多中文书刊，都是石印版……"

③ 由伦敦会传教士麦都思先后在中国澳门和广州开设（1833 年 5 月—1834 年 5 月，广州发展到有两个石印所，并出版了一些小型出版物），见韩琦著的《晚清西方印刷术在中国的早期传播——以石印术的传入为例》，载韩琦、［意］米盖拉编《中国和欧洲·印刷书与书籍史》，商务印书馆，2008，第 116 页。

徐汇堂比利时娄良材修士（Leopaoldus Deleuze, 1818—1865）1846 年来华。

④ 英国派来中国的第一个基督教新教传教士马礼逊在回顾他 25 年来的工作时，曾提到中国最早的石印工屈亚昂，他说："我用印书的方法，已经把真理传得广而且远，亚昂已学会了石印术。"马礼逊对他 25 年工作之回顾，发生在 1832 年。

⑤ 清道光十八年（1838 年）九月和十月两期，由英国传教士麦都思在广州主编、出版的中文月刊，只出数期，用连史纸石印。现存仅 2 册，藏英国伦敦。见万晓霞、邹毓俊编著：《印刷概论》，化学工业出版社，2001；张树栋、庞多益、郑如斯等编著：《中华印刷通史》，印刷工业出版社，1999。

年代	背景	事件	采用印刷术和工具材料	印刷物	代表刊物	阅读人群
1843年底—1846年	鸦片战争结束，《南京条约》签订，上海开埠	麦都思（W. H. Medhurst）和雒魏林来到上海，建立了墨海书馆①（上海开埠次年）麦都思将石印介绍入上海，在墨海书馆采用石印技术②（1846年）	铅印石印木刻	教会读物，西方书籍译本，中文书刊	《耶稣降世传》《马太传福音注》（为上海石版印刷之先驱）	教众
1846年—1870年代初期	① 上海逐渐形成东亚经济文化中心。② 与石印相关技术持续发明：1839年，法国人达盖尔（Louis Jacques Mandé Daguerre，1787—1851年）发明了"银版摄影法"；1855年，法国人吉洛特录脱（M. Gillot）发明照相锌版；1859年，奥斯旁（Osborne）发明照相石版③；1869年，德国人阿尔贝托（J. Albert）发明珂罗版④；1972年，美国人爱迪生发明油印⑤	石印术在上海传播（缺少相关记载，情况不明了）	多种手法			教众，民众
同治十三年（1874年）		土山湾印书馆⑥建立				

① 韩琦著：《晚清西方印刷术在中国的早期传播——以石印术的传入为例》，载韩琦、[意]米盖拉编《中国和欧洲·印刷书与书籍史》，商务印书馆，2008，第117页，另见：《中华读书报》，2004年7月21日。

② 韩琦著：《晚清西方印刷术在中国的早期传播——以石印术的传入为例》，载韩琦、[意]米盖拉编《中国和欧洲·印刷书与书籍史》，商务印书馆，2008，第117页。

③ 见张树栋、庞多益、郑如斯等编著的《中华印刷通史》（印刷工业出版社，1999，近代篇　第十三章　第二节　一、石版印刷术的传入和发展）："照相石印分单色照相石印和彩色照相石印两种。其中：单色照相石印传入较早，中国早期的石印书籍多用此法。彩色照相石印，又称'影印'，1931年由美国人汉林格（L. E. Henlinger）传入中国。因其照相分色，故原理与三色照相网目版相似。彩色照相分色用于石版印刷，其制版工艺与技术较为复杂，需每色一石版，每一石即印刷一次，五色、十色者，需制五块、十块版，分五次、十次套印之。各种彩色图画均可印刷。在石版印刷工艺中，是最先进的。"

④ 见张秀民著的《中国印刷史》（上海人民出版社，1989，第581页）："光绪初年徐家汇土山湾印刷所印制圣母像等，即用此法。后来有正书局聘日本人来沪，传授此术。文明书局赵鸿雪亦试验成功。光绪三十三年商务印书馆始有珂罗版，其彩色珂罗版尤为精美。"

⑤ 张秀民著，韩琦增订：《中国印刷史》，浙江古籍出版社，2006。

⑥ 见苏新平主编的《版画技法（下）》（北京大学出版社，2008，第296页）："……点石斋书局聘请的印刷技师基本都是土山湾印书馆的技术人员……"
见冯志浩著的《土山湾与职业教育》（载《土山湾记忆》，学林出版社，2010，第103页）："……等两年初步训练后，管理修士根据各学生的天赋才能和兴趣爱好，分派至各工场，学习专门技艺……手工工场共分五大部，即木器部、图画部、印刷部、发行部和铜器部……当孤儿们学成之后，他们走上社会自行选择职业，职业教育终告完成……"
所以，土山湾的印刷职业教育为当时上海的其他石印书坊输送了大量技术工人，可谓贡献巨大。

年代	背景	事件	采用印刷术和工具材料	印刷物	代表刊物	阅读人群
同治十三年（1874年）	《格致汇编》（英国人傅兰雅（John Fryer，1839—1928）等创办）及很多报刊专门介绍和刊登广告介绍照相石印优点④，自此，各书馆陆续采用石印，许多书采用照相石印，能够缩印传统书籍。书籍插图都可用石印、铜版等新方法替代，传统木版画渐失去优势。石印书以其便于携带、价格低廉、图画精美，而吸引了许多读者。⑤珂罗版印刷传入中国⑥	1876年开始采用石印①	石印等木质石印架（土山湾印书馆）②③	石印小抄石印书籍	江南传教事务，新闻等中西宗教，文学等书籍	教众
		1878年点石斋书局设立，成为上海最早的石印书局之一⑦⑧	石印影印轮转石印机（点石斋石印书局）⑨后改良	科举书籍经史子集传统书籍	《圣谕详解》⑩《康熙字典》⑪《佩文韵府》《骈字类编》《五经备旨》《皇清经解》	民众
				画报	《点石斋画报》⑫	
				画册	《历代名媛图说》《耕织图》	
				小说戏曲等		

① 上海徐家汇土山湾印刷所的石印、铅印部开始采用石版印刷书籍，由法国人翁相公和华人邱子昂主其事。专门印刷天主教宣教印刷品。

② 将石版置于架上，覆纸加压印刷。形如旧式凹版印刷机，靠人力扳转，劳动强度大。

③ 此批石印机最初由娄良材所办，后从徐汇堂搬入土山湾。

④ 傅兰雅（John Fryer，1839—1928）著：《石印新法》，《格致汇编》，上海格致书室，1892。

⑤ 韩琦著：《晚清西方印刷术在中国的早期传播——以石印术的传入为例》，载韩琦、[意]米盖拉编《中国和欧洲·印刷书与书籍史》，商务印书馆，2008，第120页。

⑥ 时间大约在光绪初年，当时上海徐家汇土山湾印刷所首次用珂罗版印刷了"圣母像"等教会图画。同时，英商别发洋行也曾采用珂罗版印刷。1876年，上海有正书局采用此项技术印制印刷品。

⑦ 据韩琦《晚清西方印刷术在中国的早期传播——以石印术的传入为例》一文，对于上海最早的石印书局建立时间的确定有出入——《中国和欧洲·印刷书与书籍史》第116页："……1876年上海徐家汇土山湾印书馆使用石印；光绪初，上海点石斋书局采用石印……"第118页："……同治十三年（1874年）设立点石斋书局，成为上海最早之石印书局……"
不过有一点可以肯定，点石斋和土山湾基本在差不多的时间在上海开始大规模采用石印技术。
见张静庐辑注的《中国近代出版史料二编》，上海群联出版社，1954，第356页："该馆设立石印印刷部在同治十三年（1874）。"

⑧ 见叶汉明、蒋英豪、黄永松编的《点石斋画报通检》（商务印书馆，第8页）："美查自1871年开始涉足出版业，对印刷技术自然不会陌生，但究竟何时及以何种途径接触石版印刷，则目前仍缺乏足够的史料可供论述。但1876年上海土山湾印刷所的成立，相信已令美查留下印象；而1877年傅兰雅（John Fryer，1839—1928）翻译，刊载于上海《格致汇编》（石板印图法）一文，相信令具有敏锐商人触角的美查，察觉到这种新技术的市场潜力。1878年，美查购买了手动轮转石印机，在申报馆系统内成立了分公司'点石斋石印书局'……并且聘请原上海徐家汇土山湾印刷所的邱子昂为石印技师。"

⑨ 轮转石印机仍用人力手工摇动，因劳动强度大，需有机8人，分作两班，轮流摇机。一人续纸，两人接纸，效率很低，每小时只能印数百张。

⑩ 可能是最早的古籍石印本，见李培文著的《石印与石印本》，《图书馆论坛》1998年第2期，第78页。

⑪ 见姚公鹤著的《上海闲话》，上海古籍出版社，1989："闻点石斋石印第一获利之书为《康熙字典》，第一批印四万部，不数月而售罄；第二批印六万部，适某科举子北上会试，道出沪上，每名率购五六部，以作自用及赠友之需，故又不数月即罄。"

⑫ 光绪十年（1884年）创刊，光绪二十二年（1896年）停刊，共发表了四千余幅作品。见《上海通志》，上海人民出版社，2005，第四十一卷　报业、通讯、出版、广播、电视　第一章　报业、通讯　第一节　中文报纸，第5744页。

年代	背景	事件	采用印刷术和工具材料	印刷物	代表刊物	阅读人群
19 世纪下半叶	技术复杂，成本高；占据小部分市场；逐步发展	铅字印刷和排版同时传入上海①	铅印			
1880年代起	点石斋获厚利，中国出版商争相仿效；点石斋、同文、蜚英馆鼎足而立，为主要石印书局	国人自办石印书局。1882 年，同文书局创立②。1887 年，蜚英馆创立③	石印影印	科举书籍石印古籍	《康熙字典》《子史精华》《御批通鉴辑览》《佩文斋书画谱》，各省课艺五十五种，《古今图书集成》④《二十四史》⑤	民众、好古者、专家、学者
				石印报纸	《述报》⑥	
				石印画报	《飞影阁画报》	
1889年至光绪末年	石印在很大程度上代替了传统的雕版印刷，成为当时颇为风行的印刷方法，印刷品种类繁多	上海石印书局由四五家发展到不下八十家⑦	石印影印	影印古籍⑧	《二十四史》《资治通鉴》《全唐诗》等	
				科举书籍	《四书备旨》《大题文府》《小题文府》等	

---

① 王仁芳著：《早期土山湾印书馆沿革》，载《土山湾记忆》，学林出版社，2010，第 120 页。

② 广东人徐润、徐鸿复投资，石印机十二部，职工五百名，规模远超点石斋和拜石山房。

③ 著名藏书家李盛铎(1860—1937)创办，机器购置自国外。

④ 光绪十六年(1890 年)始印，历时三年，原为缩印，后百部照殿本原式(清雍正年铜活字印本，每部 5 020 册，共百部)。

⑤ 复印殿本。

⑥ 创办于 1884 年，海墨楼石印书局，为我国最早的一份石印日报，还是我国第一批国人自办报刊中第一家使用图片进行新闻报道的报纸。

⑦ 当时著名的石印书局包括：鸿宝斋、竹简斋、史学斋、竢实斋、五洲同文书局、积山书局、鸿文书局、会文堂、文瑞楼、扫叶山房等，见韩琦相关文章。
见熊月之主编的《上海通史》第六卷(载《晚清文化》，上海人民出版社，1999，第 94 页)："据研究，晚清上海的石印书局，确切可考的有 56 家。"

⑧ 见黄永年著的《古籍整理概论》(上海书店出版社，2001，第 38-40 页)："……当时石印古籍大体有这样几种办法：①把原书摄影后按原大石印。这样做纸张耗费多，成本高，因此只有同文书局承印的武英殿铜活字本《古今图书集成》这么办，而且开本装潢都完全仿照殿本原式，因为政府出得起钱，印得讲究点没有关系。②把原书摄影缩小后石印。同文书局以及后来五洲同文书局影印的武英殿本《二十四史》就都这么做。同文书局印得较精美，可惜其中《旧五代史》用的并不是真殿本，而是据别的本子仿照殿本的字体款式重新写过付印的，真殿本《旧五代史》版心上方题'乾隆四十九年校刊'，同文书局据别本重写时不知道，和其他各史一样都写成了'乾隆四年校刊'。五洲同文书局石印《二十四史》才一律用真殿本，但印书的油墨不好，有浸润到笔画之外的毛病。③按行剪开原书，重新粘贴，把原书一页半、或两页，三页甚至更多页合并成一大页，摄影缩小后石印。这样可把原来几十本、成百本的大书缩成几本、几本，不仅售价低廉，而且翻检使用以至庋藏携带都大为方便。同文书局多数的石印书，如徐润《年谱》中提到的《资治通鉴》《通鉴纲目》等一大批，就都采用了这种并页石印的办法。其中《康熙字典》把武英殿本四十册缩印成六册，《全唐诗》把殿本一百二十册缩印成三十二册，都极受读者欢迎。当然，字缩得比较小，必须技术高明，才能清晰可读。同文书局在这点上还做得比较好。竹简斋石印的大本《二十四史》等也用此办法，由于技术差，印本就欠清晰，加之剪贴并页时又不认真细心，有错行、脱漏等弊病，故不能取信于人。④不剪开原书，而把原书四页分上下栏并成一大页，或原书九页分三栏并成一大页，再摄影缩小后石印。 （转下页）

年代	背景	事件	采用印刷术和工具材料	印刷物	代表刊物	阅读人群
				书画	《芥子园画谱》(1887年,鸿文书局)①	民众、好古者专家、学者
				画报		
				小报		
				戏曲小说		
				西学书籍	《西学达成》(1895年,醉文堂),《西学富强丛书》(1895年,鸿文),《西政丛书》(1897年,慎记书庄),《富强丛书》(1901年,宝善斋)②	
				教科书		
	五彩印刷术最早传自英国。五彩石印开始出现	部分书局开始采用五彩石印③	五彩石印	彩色钱票		民众
		外国人在中国开办鸿文堂五彩书局,经理是邬金亭。最早用石印方法印刷彩色图画				
		1888年,上海富文阁、藻文书局、宏文书局、彩文书局、崇文书局等开始采用五彩石印。"色彩无浅深之分,单调粗浊,所谓平色版而已"④		月份牌等		

(接上页)积山书局石印《康熙字典》,史学斋石印《二十四史》等就用这种办法。这比剪贴并页的办法要少些差错,阅读起来也不像剪贴的那种长行直下费眼力。⑤雇人将原书重新用楷书抄写后摄影石印。当时石印的章回体旧小说以及供科举考试夹带用的《四书备旨》《大题文府》《小题文府》之类就多用这种办法。夹带进考场里用的要开本小而内容多,因此往往在抄写后摄影缩成蝇头小字再付印。后起的石印书局扫叶山房最喜欢用这种办法。手边有一册民国七年戊午正月重订的《扫叶山房发行石印精本书籍目录》,共列书四百十九种,据原本影印的不到四分之一,四分之三以上都是重写后印,所幸字尚未缩得太小,只是俗陋得叫人阅读起来感到不舒服……"

① http://hi.baidu.com/sunmetashihua/blog/item/7fd502290fa19b39b9998ff9.html.
② 此类书多为作者编订,交由书局代印,印刷和装帧较为粗糙。
③ 见潘建国著的《晚清上海五彩石印考》(《上海师范大学学报》(社会科学版)2001年1月第30卷第1期,第67页):"五彩石印术传入我国的确切时间,今难详考,综合前人所述,主要有三种说法:①王念航《彩印业创建史话》文云:'后有鸿文五彩书局,为西洋人所创设,华经理为邬金亭,有石印机一部专印彩色钱票等。又有中西五彩书局,备石印机二部,系购自同文书局,西洋制造,较旧制已有进步,创办者为魏允文、魏天生,时在1882年,专印钱票及月份牌等';②贺圣鼐《三十五年来中国之印刷术》文谓:'当时上海无彩色石印,市上发行之彩色石印月份牌,悉由英商云锦公司以原画稿送至英国彩色石印局代为印刷。迨富文阁、藻文书局及宏文书局等出,上海乃有五彩石印';③范慕韩主编《中国印刷近代史初稿》第七章第二节'平版印刷工艺'则称:'1904年,上海文明书局聘请日本技师,始办彩色印刷'。"
④ 贺圣鼐著:《三十五年来中国之印刷术》,载《中国近代出版史料》初编,中华书局,1957,第257页。

年代	背景	事件	采用印刷术和工具材料	印刷物	代表刊物	阅读人群
		1904 年，俞复、廉泉等创办的文明书局开设彩色石印部，雇佣日本技师。彩色能分明暗深浅。中国图书公司采用五彩石印		彩色课本、图画和地图、彩色石印地图、教学挂图、彩色插图		
		1904 年①，商务印书馆聘请日本彩色石印技师		五彩地图、钱票、月份牌、商品牌子、仿印山水、花卉、人物等古画	《大清帝国全图》《坤舆东西半球图》	
		1888—1905 年（约），上海地区陆续开办多家以承印五彩石印为主的石印书局②		货色牌子、仿单、图记、钱票、月份牌、字画、法帖、地图		
	石印书局继续在全国各地扩张	19 世纪末 20 世纪初，北京、天津、广州、杭州、武昌、苏州、宁波等地开设石印局				民众
20 世纪初	1905 年废除科举制度，铅印业和洋装书发展，替代了原石印书③。金属平版和间接平版印刷的传入和发展。石印主要用于印刷古籍、书画。翻印古籍热潮	石印业衰落。民国初年，上海的石印书局还有三十几家，其他书局只用石印法和珂罗版印刷古籍和书画。1909 年，商务印书馆聘美国技师施塔福摄制照相锌版。1920 年，上海商务印书馆开始用直接照相石印法（后彩色照相石印），比彩色石印快而精细。1915 年，商务印书馆引进胶印机，聘请美国技师 George Weber 指导技术，1921 年又引进双色胶印机④	改良铅印、石印、影印轮转铅版印刷机⑤。多色铅印机⑥。海立司平版印刷机⑦。多色轮转印刷机等	实用的国学书籍，影印珍本古籍⑧金石文字，钱币地契，名人手稿等	《百子全书》《汉魏六朝百三名家集》《五朝小说大关》⑨《四部丛刊》及其续编、三编（1919—1936 年，商务）⑩，《百衲本二十四史》《续古逸丛书》《鸣沙石室丛残》《贞松堂藏西陲秘籍丛残》	民众、好古者专家、学者

---

① 潘建国著：《上海五彩石印考》，《上海师范大学学报》（社会科学版），2001 年 1 月第 30 卷第 1 期，第 72 页，注⑥。
② 潘建国著：《上海五彩石印考》，《上海师范大学学报》（社会科学版），2001 年 1 月第 30 卷第 1 期。
③ 1905 年以后，国内所出新学著译大都采用洋装。民国后，国内所出普通新书一般都是洋装。
④ 万晓霞、邹毓俊编著：《印刷概论》，化学工业出版社，2001。
⑤ 以金属薄版代替石版进行直接印刷，每小时可达 1 500 张，1908 年为商务印书馆曾采用。
⑥ 民国之后，由上海英美烟公司印刷厂购进。
⑦ 为间接印刷，1915 年商务印书馆引进。
⑧ 印书单位包括：商务，博古斋，上海古书流通处，南京中央图书馆，故宫博物院等。也有文化名流、收藏家的私人行为。
⑨ 上述都为扫叶山房所出，其行石印书籍达四百多种，大部分为实用的国学书籍。见李培文著：《石印与石印本》，《图书馆论坛》1998 年第 2 期，第 79 页。
⑩ 收入宋元明善本 477 种，11 896 卷，共 3 100 册，称得上是古今影印图书之巨著。见万晓霞、邹毓俊编著：《印刷概论》，化学工业出版社，2001。

附录 2　土山湾

1. 土山湾印书馆①

年代	事件	主要印刷物	工具材料	人员
同治四年（1865 年）	江南育婴堂（青浦横塘孤儿院，1855 年由天主教薛孔昭司铎创办，属于法国天主教会）由青浦蔡家湾搬入土山湾			
同治十三年（1874 年）	法国严思愠神父（Stanislaus Bernier，1839—1903，1866 年来华）监管土山湾铅版和印书事务	《周年占礼经》（铅印）	铅铸汉字（法国苏念澄神父于 1871 年拍得）	监管：法国严思愠神父。协助：法国翁寿祺修士（Casimirus Hersant，1859 年来华，原供职徐汇堂，精于修理钟表，兼晓医理，自学排铅字还兼管石印）。排字：陈克昌，钱斐利（徐汇公学学生，曾被派往"虹口益纸馆印书房"学习排铅字）。布置铅字架子：徐氏宁波人（曾于美华书馆做过工）。其他徐汇公学肄业生及修道院学生
		石印小抄	石印和石印架子（娄良材所办，来自徐汇堂）	由土山湾供职的各位神父所写
光绪二年（1876 年）	翁寿祺修士接手印书馆（在任近二十年），至法国添办所缺设备，印务设备（包括石印）渐臻完善	中西宗教，文学等书籍	石印	主管：翁寿祺修士。协助：邱子昂。其他徐汇公学肄业生及修道院学生（后其他印书馆如点石斋聘请的技师也基本来自这个群体）
光绪初年	最早使用珂罗版	圣母像		

---

① 宋浩杰编：《土山湾记忆》，学林出版社，2010.

2. 土山湾画部传承谱系图①

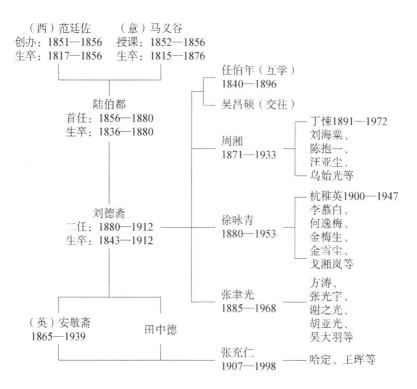

① 资料来源：土山湾博物馆。

附录 3　晚清代表性石版印刷出版物

类别	主要流行时间	代表作品	出版者和出版时间	规格	可比较过去同类作品
早期石印刊物	1830 年(前后)—1880 年(前后)	《东西史记合记》(最早的中文石印书籍)	新加坡(1828—1829 年)		
		《各国消息》(现存最早的石印书刊)	广州(1838 年)	连史纸石印,中文月刊现存两册,藏于伦敦	
		《耶稣降世传》	上海墨海书馆(1846 年)	191 页,石印本最初 17 页由郭实腊(Karl Friedrich August Gützlaff)撰写,后由麦都思编撰	《耶稣降世传》新加坡,1836 年
		《马太传福音注》	上海墨海书馆(1846 年)		
典籍、类书、科举用书	1880 年(前后)—1908 年	《圣谕详解》(最早的石印古籍)	点石斋书局		
		《佩文韵府》	点石斋书局		
		《二十四史》	同文书局(1884 年)	石印	《钦定二十四史》(乾隆四年至四十九年武英殿刻印)
		《康熙字典》	点石斋书局同文书局	缩印	康熙五十五年武英殿刻本
		《古今图书集成》	同文书局(1890 年始印)	原为缩印,后百部照殿本原式	
		《资治通鉴》《全唐诗》			
	1880 年(前后)—1905 年(科举废除)	《四书备旨》	鸿文阁(1890 年)	缩印	《四书备旨》清代玉溪木刻本
		《大题文府》	同文书局(1887 年)		
	20 世纪初	《四部丛刊》	商务印书馆(1919 年—1936 年)	影印	
		《百子全书》	扫叶山房		
		《汉魏六朝百三名家集》	扫叶山房		
		《五朝小说大关》	扫叶山房		
画谱、字帖、尺牍、法帖等	1880 年(前后)—20 世纪初	《历代名媛图说》①	点石斋(1879 年)		

---

① 汉代刘向所撰,明代汪氏增辑录:《明代仇英绘图》,上海点石斋书局,1879 年。

类别	主要流行时间	代表作品	出版者和出版时间	规格	可比较过去同类作品
		《耕织图》	点石斋		
		《尔雅图》	同文书局		
		《芥子园画谱》	鸿文书局(1887年)		原雕版书,图
		王羲之《草诀百韵歌》	扫叶山房石印本		
		《佩文斋书画谱》	同文书局(1883年)	石印,线装 尺寸:长 19×宽 12×高 15.5(cm) 册数:16 册	康熙四十七年(1708 年)内府刻本①
		《茜窗小品》	醉烟堂（1914年）	函册:1 函 4 册,装帧:线装,13 cm×15.1 cm	
小说		《红楼梦》 《西游记》 《水浒传》 《聊斋志异》		影印古本 新版(可考察版式)	《程乙本红楼梦》《红楼梦散套》《王希廉评点.绣像红楼梦 120 回》
西学书籍	1889—1908 年	《西学达成》	醉文堂(1895年)		
		《西学富强丛书》	鸿文书局(1895年)		
		《西政丛书》	慎记书庄(1897年)		
		《富强丛书》	宝善斋(1901年)		
报纸	1897—1908 年	《述报》(我国最早的一份石印日报)	海墨楼石印书局(1884 年)		
		《集成报》	上海商务印书馆代印(1897—1902 年)	册报,每册 30 页,连史纸石印(油光纸铅印),为文摘性刊物	
		《时务报》	1896—1898 年	册报,每册 32 页,连史纸石印,旬刊	
		《农学报》	1897—1906 年	册报,连史纸石印,初半月刊,后旬刊	
		《工商学报》			
		《实学报》	1897—1898 年	册报,石印线装,旬刊	
		《新学报》	新学会所办学报(1897—1898 年)	册报,连史纸石印,半月刊	

---

① 版框 16.8 cm×11.7 cm。半页 11 行,行 22 字,白口,单鱼尾,左右双栏。书前有康熙四十四年(1705 年)二月御制序,其后为凡例和总目,正文前列有所纂辑之书籍的目录和书画谱总目,并开列康熙四十四年(1705 年)、四十六年(1707 年)奉旨纂辑此书的官员职名。64 册 8 函。

类别	主要流行时间	代表作品	出版者和出版时间	规格	可比较过去同类作品
		《萃报》	1897 年	册报，每册 30 页，连史纸石印	传统：邸报①，揭帖②，时事宣传画③。外来：《察世俗每月统记传》④《特选撮要每月纪传》⑤《格致汇编》⑥ 中式报纸：《申报》
		《经世报》			
		《蒙学报》			

① 见方汉奇著的《中国近代报刊史》(山西人民出版社,1981 第 1-3 页)："……封建王朝的政府机关报……又称'邸钞''阁钞''朝报''杂报''条报''除目''状''状报''报状''京报'……内容为：皇帝的诏书、命令和皇帝的起居言行；封建王朝的法令、公报；皇室的动态；关于封建政府官员的升黜、任免、赏罚、褒奖、贬斥等方面的消息；各级官僚的张奏疏表(中央和各级地方政府机关给皇帝的工作报告,各地珠军将领的战报,封建言官队朝廷措施的规谏,对失职官吏的弹劾等)和皇帝的批语,没有一般新闻和言论……邸报只在封建统治机构内部发行,它的读者以分封各地的皇族和各级政府官吏为主,封建士大夫、知识分子和地方上的豪绅巨贾往往也要设法看到它的抄件,一般的庶民百姓食看不到邸报的……唐以来的各封建王朝都严禁邸报以外的任何报纸出版,宋朝的小报就是曾经遭到查禁的一种非法报纸。元、明、清等朝野出现过类似小报的出版物,当时称为'小本''小钞'或'报条',同样遭到了当时政府的查禁……"

② 同上,第 8 页："……近代劳动人民在反对帝国主义及其走狗的革命斗争中,进行广泛的宣传活动。他们的主要工具是揭帖和小册子,其性质和报纸十分相近,在一定程度上也起了类似报纸的作用……鸦片战争爆发不久,广东地区的劳动人民就广泛地张贴和散发揭帖,对西方殖民主义者的侵略活动和清朝封建政府的媚外言行进行严厉声讨,并且动员人民起来与侵略者进行坚决斗争……鸦片战争时期的揭帖大部分是誊写的,也有一些是印刷的……"

③ 同上,第 8-9 页："……和揭帖相配合的另一种武器是时事宣传画……早在鸦片战争时期,我国的劳动人民就已经知道运用绘印和散发大量单张时事新闻和讽刺画的办法来进行反帝斗争,公开刊售和'刻印叫卖'的《打败鬼子图》《芝相行乐图》和宣传戒烟的单张连环画,就是其中的佼佼者……"

④ 同上,第 11-12 页："1815 年 8 月 5 日,马礼逊在英国伦敦布道会派来的另一个传教士米怜的协助下,在马六甲出版了一份期刊《察世俗每月统记传》,这是外国侵略者创办的第一个中文的近代化报刊……这个刊物用木板雕印,月刊,每期五页,约两千余字……免费在南洋华侨中散发,其中的一部分还由专人带往广州,和其他宗教书籍一道,分送给参加县试、府试和乡试的士大夫知识分子。1821 年停刊,先后出版了八十多期。见方汉奇著的《为什么把〈察世俗每月统记传〉说成是我国近代报刊的开始》(《新闻与写作》1990 年第 1 期第 39 页)："最先把《察世俗每月统记传》说成是我国近代报刊的开始的,是著名的新闻史学者戈公振。见于他的名著《中国报学史》……其次,是胡道静。他在 1946 年出版的《新闻史上的新时代》一书中,也把《察世俗每月统记传》称为'中国第一种现代报纸'……"

⑤ 中国近代报刊名录(3),作者：佚名,转贴自：五洲传媒网……简称《特选撮要》。英文名：Monthly Magazine。道光癸未年六月(1823 年 7 月)创刊,英国'伦敦布道会'的传教士在巴达维亚(Batavia,现名雅加达)出版的月刊。封面在左下方有"尚德者纂"字样；右上方有："子曰：亦各言其志也已矣。"英籍传教士麦都思主编。竹纸木刻印刷,每册八页。道光六年(1826 年)停刊,共出四卷。该刊声称是继承米怜《察世俗每月统记传》的事业,序文中说："书名虽改,而理仍旧矣。"主要栏目有：宗教、时事、历史、地理及杂俎等。刊有中国及东南亚地图,且有爪哇等地区的介绍。在介绍该地区的风土人情时,用的是语体文……

⑥ 摘自：中国近代报刊名录(3),作者：佚名,转贴自：五洲传媒网……光绪二年正月(1876 年 2 月)创刊,在上海出版。初为月刊,第五年(1890 年)起改为季刊。由英国人傅兰雅(John Fryer)编辑,格致书室发售。其前为 1872 年夏北京出版的《中西闻见录》。该刊曾一再重印,重印时往往补入一部分内容,如光绪二年正月出版的第一年第一卷,在光绪十九年重印时补入《猴鸟记数说》一稿。该刊对数、理、化、生物、医学都有介绍,偶尔还有科学家传记。在介绍机械时,常常附有插图,使之更加明白。该刊出至第四年第十二卷(1882 年 1 月)后停刊。光绪十六年春季(1890 年)以第五年第一卷算继续出版,改为季刊。现存 1876—1882 年的第 1-7 卷。(上海图书馆藏有原件)

类别	主要流行时间	代表作品	出版者和出版时间	规格	可比较过去同类作品
画报	1884 年—20 世纪初	《点石斋画报》	点石斋书局（1884—1896 年①）	每周一册，每册"图说十三页"，纸本石印	国外同时期的画报
		《词林书画报》	上海沪报馆经售（1888 年）		
		《飞影阁画报》（后改为《飞影阁画册》）②	吴友如，周慕桥（1890—1893 年）		
		《飞云馆画报》	1895 年		
		《求是斋画报》	1900 年		
		《舆论时事报图画》	1902—1910 年		
		《时事画报》③	广州创刊（1905 年 9 月）		
		《申报图画》	1909 年		
		《民呼日报图画》	1909—1910 年		
		《天民画报》			
		《时事报图画旬报》	1909 年		
		《图画日报》④	1909—1910 年		
		《旧京醒世画报》⑤	北京（1909 年创刊，日刊）		
		《神州画报》	1910 年		
		《醒俗浅说报》	民国		

---

① 《上海通志》，上海人民出版社，2005，第四十一卷　报业、通讯、出版、广播、电视　第一章　报业、通讯　第一节，中文报纸，第 5 744 页。

② 1890 年 10 月吴友如自创《飞影阁画报》，亦多以时事新闻和风情习俗为内容。至 1893 年初出版 100 期，让给画友周权（慕桥）接办，又另创《飞影阁画册》半月刊，专画历史人物故事、翎毛花卉等，不再具有以报道新闻为主的"画报"性质。

③ 1905 年 9 月，在广州创刊，是广东最早出版的石印画报。每十天出版一期。由高卓廷主办，潘达微、高剑父、何剑士、陈垣等编撰，以"仿东西洋各画报规则办法，考物及记事，俱用图画，以开通群智，振发精神"为宗旨。内容以图画纪事为主，论事次之。大胆揭露帝国主义对中国的侵略，抨击时政，颂扬革命。1907 年被迫停刊，次年曾一度复刊，不久再度停刊。1911 年 7 月改名为《平民画报》，由邓警亚主编。广东光复后，恢复原《时事画报》名继续出版。岭南派著名画师伍德彝、郑游等 20 余人曾参与绘画。

④ 是近代唯一一种日报形式的画报，见《上海通志》，上海人民出版社，2005，第四十一卷　报业、通讯、出版、广播、电视　第一章　报业、通讯　第一节　中文报纸，第 5 855 页。

⑤ 创刊于清宣统元年（1909 年），是当时名噪京城的画报日刊，仅出版过六十期即告停刊。由京剧脸谱及插图绘画大家李菊侪先生和清末宣笔制作名家胡竹溪先生主笔，画面生动，场面宏大，极具中国传统绘画的工细与传神。形成了与当时南方《吴友如画宝》所代表的"西洋派"画法鲜明对照的北方"传统派"画法。

类别	主要流行时间	代表作品	出版者和出版时间	规格	可比较过去同类作品
通俗文学，谴责小说插图	1890—1930 年	《绣像小说》①	上海商务印书馆 1903—1906 年		
		《小说林》②	1907—1908 年		
		《月月小说》《新新小说》《小说月报》《小说画报》			
杂文（石印插图）		《淞隐漫录》③《漫游随录图记》④	点石斋书局		《花甲闲谈》张维屏（字南山）（著），叶梦草（字春塘）（插图），富文斋，道光十九年（1839 年）。《鸿雪因缘图记》麟庆（著），汪英福（字春泉）等绘，扬州刻本，道光二十七至二十九年
教科书		《小学课本》			
石印画	1884 年	《申江胜景图》	点石斋（1884 年）		"姑苏版"苏州、杭州风景，《蓬莱胜景图卷》《御制圆明园四十景诗》乾隆十年(1645 年)武英殿刻朱墨套印本，桃花坞年画，旧校场年画
	清末民初	石印年画	富文阁、藻文书局、宏文书局等		
商业美术	月份牌	《中西月份牌二十四孝图》⑤	申报馆印(1889 年)		木版年画
		《沪景开彩图中西月份牌》⑥	上海鸿福来票行(1896 年)		
		《潇湘馆》	周慕桥(1903 年)		
		《在海轮上》	郑曼陀(1910 年)		
		《游园》	周慕桥(1913 年)		
	1920—1949 年（20 世纪二三十年代为黄金期）				

① 是我国最早的小说杂志之一，晚清四大文艺期刊之一。主编为李伯元，半月刊。共出版了 72 期。

② 1907 年 2 月在上海创刊，黄摩西任主编。主要刊登翻译作品，与《绣像小说》《月月小说》《新小说》并称为清末四大文艺刊物。1908 年 10 月停刊。

③ 《淞隐漫录》十二卷，原附上海《点石斋画报》于 1884 印行，后有汇印本 1887 年，于 1897 年改称《后聊斋志异》。

④ 王韬著，插图：田英(第一幅)，张志瀛(余幅)，光绪十六年(1890 年)。

⑤ 现收藏于上海图书馆。据上海图书馆记录，此月份牌应为光绪十五年(1889 年)所制，为现存所见最早的月份牌。

⑥ 第一张正式标明"月份牌"字样的月份牌，由上海鸿福来票行随彩票发送。

类别		主要流行时间	代表作品	出版者和出版时间	规格	可比较过去同类作品
	商标	商标火花				
		1890 年代	《八仙上寿》	英商利华公司（1894 年）		
			《西园雅集》	太古车糖行（1894 年）		
			《肖史弄玉》	亚细亚石油公司(1894 年)		
票据						
地图			《江西全省舆图》	光绪二十二年(1896 年)		

附录 4　画家群体

1. 相互关系

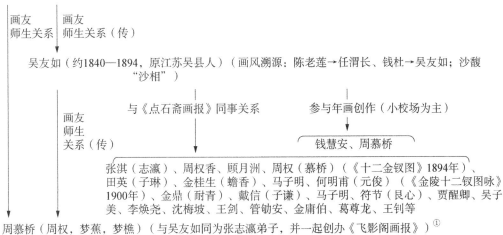

张志瀛（清末民国著名画家、书法家）

画友
师生关系　　画友
　　　　　　师生关系（传）

吴友如（约1840—1894，原江苏吴县人）（画风溯源：陈老莲→任渭长、钱杜→吴友如；沙馥"沙相"）

画友
师生
关系（传）　　与《点石斋画报》同事关系　　参与年画创作（小校场为主）

钱慧安、周慕桥

张淇（志瀛）、周权香、顾月洲、周权（慕桥）（《十二金钗图》1894年）、田英（子琳）、金桂生（蟾香）、马子明、何明甫（元俊）（《金陵十二钗图咏》1900年）、金鼎（耐青）、戴信（子谦）、马子明、符节（艮心）、贾醒卿、吴子美、李焕尧、沈梅坡、王剑、管劬安、金庸伯、葛尊龙、王钊等

周慕桥（周权，梦蕉，梦樵）（与吴友如同为张志瀛弟子，并一起创办《飞影阁画报》）①

与月份牌创作群体

郑曼陀②、周柏生（办"柏生绘画学院"）

徐咏青（与郑曼陀合作"月份牌"画；1913年起在上海商务印书馆主持图画部；1915年徐咏青辞职后，图画部由何逸梅主持）

土山湾
画馆学员③　　商务印书馆图画部师生关系

杭稚英④（1923年创立"稚英画室"，并邀何逸梅、金雪尘、李慕白等参加）、何逸梅（1925年赴港为香港永发公司设计创作商品广告"月份牌"画）、金梅生、金雪尘、戈湘岚

其他画家：王墀（《增刻红楼梦图咏》1882年）、陆士薰（小芳）、张树培（松云）、朱鸿（《舞墨楼古今画报》）、朱筱（《飞云馆画报》《飞云馆画集》）、张聿光（《新世界画册》）、关蕙农

---

① 吴友如主持《飞影阁画报》，九十一期开始更名《飞影阁士记画报》，并由周慕桥主笔，吴友如则另出《飞影阁画册》。《飞影阁士记画报》续出43期后改为《飞影阁士记画册》。见董惠宁著：《〈飞影阁画报〉研究》，《南京艺术学院学报》（美术与设计版）2011年第1期，第110-111页。

② 首先摸索出擦笔水彩画法。1914年，他采用此法创作了第一幅月份牌画《晚妆图》，并替代周慕桥成为主要的月份牌画家。

③ 见附录2的土山湾画馆部传承谱系图。

④ 1913年随父来到上海，于徐家汇土山湾画馆习画，1916年考入上海商务印书馆图画部当练习生，师从画家徐咏青及德籍美术设计师，1919年练习期满转入商务印书馆服务部，从事书籍装帧设计和广告画绘制。

2. 主要画家简介

姓名	生卒年	代表石版画作	说　明
张志瀛		《漫游随录图记》《点石斋画报》	清末民初著名画家、书法家
吴友如	1840（约）—1894年	《点石斋画报》《飞影阁画报》	
周慕桥	1868—1922年	《点石斋画报》《飞影阁士记画报》《关云长读春秋》	早期画时事新闻画。 清末民初上海旧校场和苏州桃花坞木版年画中，有些时装妇女题材的作品，系出自其手笔。 初期月份牌画稿，仍用中国传统工笔画法，作于绢上，画风保持更多的是传统工笔技法，绘制的元宝领古装美女，传统含蓄，体现了民国时期女性形象。随时势审美需要，后亦改作擦笔水彩美女月份牌画。为上海早期月份牌画家之一
郑曼陀	1888—1961年	《杨妃出浴图》《在海轮上》	曾师从王姓民间画师学画人像。后到杭州设有画室的二我轩照相馆作画，专门承接人像写真。他把从老师那里学来的传统人物技法与从书本中学来的水彩技法结合起来，慢慢形成了一种新画法——擦笔水彩法
杭稚英	1900年5月30日—1947年9月18日	月份牌 商标：《美丽牌香烟》《双妹花露水》《雅霜》《蝶霜》	13岁随父进商务印书馆，后自立画室，出版月份牌，设计商品商标包装，为我国最早的商业美术家之一；早期学郑曼陀画风，后揣摩炭精肖像画、画法渐变，色彩趋向强烈、艳丽，形成了一种新型的上海美女形象；时髦艳丽，修长丰腴，略带洋味，画作之美，影响之大，史所罕见
金梅生	1902年3月—1989年11月		将月份牌画演变成没有广告和月历的纯欣赏性的悦目画片
关蕙农	1880—1956年		广东南海西樵人，自幼学习中西画法。于1905年赴港，曾在文裕堂书坊工作。以西洋水彩画法写中国仕女，开始广为人知。1911年受聘为《南华早报》美术部主任，兼负责该报石版印刷部，1915年创立亚洲石印局
何逸梅	1894—1972年		1925年赴港为香港永发公司设计创作商品广告"月份牌"画

附录5　石印画报

名称	尺寸	图例	年代	地区	所属报刊
《点石斋画报》	16开,25 cm×15 cm		1884—1896年	上海	《申报》
《飞影阁画报》	16开,24.5 cm×27.6 cm(应为民国重印)		1890—1893年	上海	
《求是斋画报》	16开		1900年	上海	
《飞影阁画册》	16开	光绪十九年(1893年)《飞影阁画册》	1890—1893年	上海	

名称	尺寸	图例	年代	地区	所属报刊
《神州画报》	展开：24.5 cm ×30 cm	 宣统二年(1910年)的印本		上海	《神州日报》
《舆论时事报图画》	16开,24.5 cm ×16.8 cm	 宣统二年(1910年) 神州日报社附送图画新闻《舆论时事报》合订本一组两册		上海	《舆论时事报》
《申报图画》	大16开, 28 cm× 15 cm	 宣统元年(1909年)出版的《申报图画》		上海	《申报》
《民呼日报图画》	展开：33 cm× 27 cm			上海	《民呼日报》

名称	尺寸	图例	年代	地区	所属报刊
《图画新闻》	27.5 cm×15 cm			上海	
《醒世画报》	26.8 cm×19.6 cm	 宣统元年(1909年)的《醒世画报》		北京	
《开通画报》	25.4 cm×15 cm	 宣统二年(1910年)的北京石印本		北京	
《浅说日报》	16开			北京	

名称	尺寸	图例	年代	地区	所属报刊
《醒华日报》	22 cm×13.5 cm			天津	
《时事画报》	15 cm×25 cm（展开：30 cm×25 cm）	光绪三十四年(1908 年)的《时事画报》		广州	
《图画日报》	25.8 cm×10.3 cm	宣统元年(1909 年)，每日一期，油光纸印，图画极为细腻，每份十余页		上海	上海环球社编辑

附录6　晚清主要报纸

报刊	小报①	发行时间	尺寸版式、印刷手段	定价②	发行方式	发行者	副刊、主要内容
北华捷报		1850 年			周刊,1864年起更名并改为日刊		
上海新报		1861 年(近代上海首份中文报纸)				英商字林洋行(North-China Herald Office)印行	
申报		1872 年	60 cm×120 cm,8 版(每版接近 30 cm×30 cm 的正方形)	4 页,1 分4 厘			《点石斋画报》③
叻报		1881 年	8 开纸 11 张(28.5 cm×42 cm,26 cm×37 cm,每版接近正方形)			新加坡	
字林沪报		1882—1899 年	篇幅较当时出版的《申报》略大,两页中的中缝较宽,便于折叠装订,报名横排。国产的毛边纸单面印刷			《字林西报》总主笔巴尔福兼任总主笔	副刊《玉琯镌新》《花团锦簇楼诗稿》④
圣教新报		1895 年	4 开张(左右两版四栏),油光纸单面印,单张		每逢星期四出版	上海基督教新教,美华书馆	
	游戏报	1897 年	20.32 cm×25.4 cm,4 版	1 页,1 分		李伯元创办并主编	报道华界娱乐圈消息,刊载消闲文章。创"一论八消息,标题四对仗"编辑样式。光绪二十五年,最先采用报纸粘贴快照。支持戊戌变法,强调富国强民,反对列强侵华,倡导调侃嘲笑社会现实的诙谐醒世文体
	消闲报	1897 年	初为一小张,继改为长条形 4 版,复增至横 4 开 2 张,终改为对开半张 2 版			历任主笔为吴趼人、高太痴、周病鸳	为《字林沪报》附刊。支持维新变法,强调富国强民

① 见《上海通志》(第 9 册)(上海人民出版社,2005,第 5 849 页):"光绪末年,各大日报改变版面,对开新闻纸双面印刷,消闲性报纸仍多为四开小版面报,始有大报小报之分。"
② 见《上海通志》(第 9 册)(上海人民出版社,2005,第 5 879 页):"1909年上海主要报纸售价情况表。"
③ 其获得渠道是单张收集,装订成册后类似于绣像插图集,因而《点石斋画报》所采取该版式也是为了便于今后装订成册。
④ 每期一页,随报赠送。该诗稿编排成线装书版式,便于读者装订成册收藏。其设计思路类似《点石斋画报》。

报刊	小报	发行时间	尺寸版式、印刷手段	定价	发行方式	发行者	副刊、主要内容
	采风报	1898 年	初用彩色纸单面印刷，为狭长形 1 张 2 版；后用白报纸印刷，并以英商采风报馆名义改订章程，放大报形，或 4 版或 8 版不等，29 cm × 55 cm	1 页，1 分		吴趼人主持，孙玉声（海上漱石生）创办，历任主笔和编辑为孙玉声、吴趼人、汤邻石等，前后主持人有刘志沂、汪处庐（闲间居士）、郁达夫	
	繁华报	1901 年	初为长条形 1 张 4 版（27 cm × 27 cm，版面呈方形）。半年后扩至 6 版	1 页，1 分		李伯元创办并主编	
	寓言报	1901 年	28 cm×28 cm，6 版			吴趼人主持	
	笑林报	1901 年	初为 27 cm×60 cm，后改为 30 cm × 27 cm	1 页，1 分2 厘			
	强学报	1896 年	册报，铅字排印，竹纸印刷		派送赠阅	强学会	
指南报		1896—1897 年	仿《申报》版面呈方形；报头置正版上方中央，楷体；报头两端刊有报馆告白、价目表与中西年历对照日期		日刊	创办人张芷韵，主编李宝嘉（伯元）	
苏报		1896—1903 年	仿《申报》版式		日刊		
时务报		1896—1898 年	册报，每册 32 页（一说 20 余页，约三四万字）连史纸石印		旬刊	上海，晚清维新运动中影响较大的国人自办报刊，总理汪康年，早期主编为梁启超，强学会《强学报》余款开办	
集成报		1897—1902 年	册报，每册 30 页，连史纸石印		旬刊	上海商务印书馆代印。陈念萱在上海创办，分谕旨、章奏、论说、时事、新闻、各国杂电等项，除谕旨、奏折外，均录自各种报刊，实为文摘性刊物，是我国最早的文摘性刊物	

报刊	小报	发行时间	尺寸版式、印刷手段	定价	发行方式	发行者	副刊、主要内容
	富强报	1897年	册报		5日刊	程铮园主编，鼓吹变法维新的论说，上海《苏报》馆出版。编排次序一般是首载论说，然后是"上谕恭录"，接着是该报自译的中外新闻，最后为奏疏，文牍等	
	农学报	1897—1906年	册报，线装连史纸石印		初半月刊，后旬刊	机关报纸。所刊内容并不限于农业知识，而是借此结集团体，推动农业经济变革。务农学会的创办和《农学报》的发刊，都曾得到《时务报》的支持和协助	
	新学报	1897—1898年	册报，每册约24页，连史纸石印		半月刊	新学会所办学报。着重传播自然科学知识，内容分算学、政学、医学、博物4科，提倡新政，它传播自然科学知识的宗旨，也在于"苟非兴学、民不能立，苟乏人才、国无自立"	
	实学报	1897—1898年	册报，石印线装		旬刊	总理为王仁俊（轮臣），总撰述为章炳麟。所载的"实学"即新知识，都译自英、法、日等国外文报刊	
	萃报	1897年	册报，每册30页，连史纸石印		周刊	文摘报。发刊前梁启超即在《时务报》上发表《萃报叙》，予以推荐，该报摘录报纸的面不及《集成报》广，但因分省分国编排，可以迅速知道某省（或某国）发生何事，是该报的一大特色	

报刊	小报	发行时间	尺寸版式、印刷手段	定价	发行方式	发行者	副刊、主要内容
	求是报	1897年—?	册报，每册30页，竹纸线装				
	经世报	1897年—?	相当于16开大小，线装成册，每期三四十页不等，连史纸铅印			杭州近代第一份综合性新闻报纸，由兴浙会创办。以记述国内外大事与介绍新学术、新知识为主要内容，并译载英、法、日等外国报刊上的文章。章炳麟、陈虬、宋恕为主要撰稿人	
	蒙学报	1897年—?	石印本		旬刊	上海蒙学报馆出版，报分两类：一为母仪训育之法，二为师教通便之法。母仪训育分养育、劝诵、仪范、演习四目，师教通便分演习、字课、数理、方名、智学、史学、时事七目。以启蒙为主，也译述西文通俗儿童作品	
	工商学报	1898年	册报，每册20余页，连史纸石印		月出四册	宣称以振兴工商业为宗旨，详细介绍中国商政、各种工艺商务情形及对"各国商务律例"的译编等	

附录 7 石印书刊尺寸

书名	尺寸	装订方式	年代	出版者
《加批西游记》	13 cm×21 cm	线装	民国戊午	上海锦章书局
《刘春霖书过秦论》	19.5 cm×12.9 cm(32开)	线装	民国	
《重订验方新编》	19.8 cm×13.3 cm	线装	1918 年	上海鸿宝斋书局
《点石斋画报》	15 cm×25.5 cm(16 开)	线装	清	点石斋书局
清代育文书局石印书	26 cm×15 cm	线装	清	育文书局
《考正字汇》	13 cm×18.4 cm(32 开)	线装		章福记石印书局
《增像全图三国演义》	32 开	线装，白纸石印	民国	上海锦章书局
《民国监本书经》	32 开	线装	民国	
《石印宣讲拾遗》	20 cm×13 cm(32 开)	线装,活字本		
《民国监本四书》	32 开	线装,石印本	民国	
《石印绘图玉历钞传》	32 开	线装,石印本	民国	
清光绪白纸《康熙字典》	32 开	线装,石印本	光绪	点石斋印行,申报馆申昌书画室发兑
《第一才子书》（三国演义）	32 开	线装,石印本		

附录8　图像的演变

以红楼梦版画为例,对比同期其他印刷图像,考察引起图像演变的因素。

典型 图像 一	 光绪五年(1879 年)刊本,《红楼梦图咏》——"宝钗",改琦,雕版
与之 相关 图像 的分 析	 刘刻本《水浒全传》——"火烧翠云楼",雕版 分析:俯视,全景,时空变化  《绨袍记》,雕版 分析:环境带有舞台感,人物与环境关系松散,画面 象征性
结论	雕版文学插图为主要雕版印刷图像形式。 功能:文配图,文学性; 工艺:木雕版印刷,工艺流程对画面有所限制; 画面特点为:象征性,概括性,强调"趣味"和节奏,传统线性表现,具有平面装饰感,带有文人画气息
典型 图像 二	 1890 年代,《金陵十二钗》——"宝钗",吴友如,石印

与之相关图像的分析	 1880 年代，《点石斋画报》"盗马被获"，石印 分析：低俯视，片段情节，西法透视与传统构图的折中	 1880 年代，《飞影阁画报》，石印 分析：空间布局合理，环境与人物相结合，画面描述性，线描结合明暗，画面分黑白灰层次，细节丰富
结论	画报为主要石版印刷图像形式。 功能：描述当下新闻时事； 工艺：石版印刷，制作具有灵活性、个性化，支持精细描绘； 画面特点：画面带有具体可指性和可信性，叙述性，西式透视和明暗技法与传统线描相结合	
典型图像三	 1930 年代，中国华东烟草公司月份牌——"宝钗"，杭稚英，五彩石印	
与之相关图像的分析	 1880 年代，《点石斋画报》"脱人于危"，石印 分析：西洋图式和明暗技法的模仿	 1909—1910 年，《图画日报》"杭州花港"，石印 分析：西式明暗技法的娴熟掌握

民国初年,月份牌"在海轮上",郑曼陀,五彩石印
分析:擦笔水彩技法结合五彩石印,使画面色彩和
明暗过渡更柔和

民国初年,《三国演义》扇面,五彩石印
分析:彩色石印技法的运用,中西法结合——体现
在对投影的处理上,相对生硬

民国,月份牌,五彩石印
分析:摄影术的流行使得石
印广告画开始模拟摄影效果,
并且参考照片进行创作,以求
逼真效果

民国,商业广告,五彩石印
分析:对西洋广告、电影海报
中女性造型的借鉴

1909年,《民呼日报图画》,石印
分析:由于摄影新闻图片的运用,石印
创作开始分流。黑白石印开始由时事报
道转向个性化创作,漫画、讽刺画、连环
画开始出现。叙事性、写实性石印画开
始转向商业美术领域,并向摄影效果
靠拢

结论	石印图像开始分流: ① 新闻摄影替代石印时事画,摄影画报替代石印画报; ② 石印画开始追求特殊风格和独立艺术价值,并应用于讽刺画、广告画、装饰画和连环画等多领域; ③ 月份牌广告画成为最具代表性的彩色石印画。 工艺:石印与其他印刷工艺相配合,综合运用于出版领域;五彩石印结合擦笔水彩技法,使得彩色印刷最大限度地还原画面貌,呈现逼真的摄影效果 画面特点:黑白石印画风格多样,采用夸张、变形等手法,使得视觉效果强烈,表意明确尖锐;五彩石印画逼真、俗艳,流行于商业领域,成为新时代的流行美术

参 考 文 献

[1] [美]周绍明(Joseph P. McDermott). 书籍的社会史[M]. 何朝晖,译. 北京：北京大学出版社,2009.

[2] 杨齐福. 科举制度的革废与近代中国文化之演进[C]//郑师渠,史革新,刘勇. 文化视野下的近代中国. 北京：中国传媒大学出版社,2009：377 - 384.

[3] 白文刚. 清末学堂教育中的意识形态控制[C]//郑师渠,史革新,刘勇. 文化视野下的近代中国. 北京：中国传媒大学出版社,2009：395 - 402.

[4] [美]费正清,刘广京. 剑桥中国晚清史(上卷)[M]. 北京：中国社会科学出版社,1985.

[5] 罗志田. 西潮与近代中国思想演变再思[M]//变动时代的文化履迹. 上海：复旦大学出版社,2010：1 - 27.

[6] [美]柯文. 在传统与现代性之间——王韬与晚清改革[M]. 雷颐,罗检秋,译. 南京：江苏人民出版社,1994.

[7] 王伯敏. 中国版画通史[M]. 河北：河北美术出版社,2002.

[8] 齐璜. 白石老人自传[M]. 张次溪,笔录. 北京：人民美术出版社,1962.

[9] 张秀民. 中国印刷史[M]. 韩琦,增订. 杭州：浙江古籍出版社,2006.

[10] 张静庐. 中国近代出版史料·近代二编[G]. 上海：上海书店出版社,2003.

[11] 李培文. 石印与石印本[J]. 图书馆论坛,1998(02)：78 - 79,70,53.

[12] 张树栋,庞多益,郑如斯,等. 中华印刷通史[M]. 北京：印刷工业出版社,1999.

[13] 葛元煦,黄式权,池志征. 沪游杂记　淞南梦影录　沪游梦影：上海滩与上海人丛书第一辑[M]. 上海：上海古籍出版社,1989.

[14] 王扬宗.傅兰雅与近代中国的科学启蒙[M].北京:科学出版社,2000.

[15] 韩琦,王扬宗.石印术的传入与兴衰[M]//上海新四军历史研究会印刷印钞分会.装订源流与遗补.北京:中国书籍出版社,1993:358-367.

[16] 姚公鹤.上海闲话[M]:上海:上海古籍出版社,1989.

[17] 张静庐.中国近代出版史料初编[G].上海:上海书店出版社,2003.

[18] 韩琦.晚清西方印刷术在中国的早期传播——以石印术的传入为例[M]//韩琦,[意]米盖拉,编.中国和欧洲——印刷书与书籍史.北京:商务印书馆,2008:114-127.

[19] 陈力丹.世界新闻传播史[M].上海:上海交通大学出版社,2007.

[20] 苏新平.版画技法(下)[M].北京:北京大学出版社,2008.

[21] 董惠宁.《飞影阁画报》研究[J].南京艺术学院学报(美术与设计版),2011(01):104-111.

[22] 宋浩杰.土山湾记忆[M].上海:学林出版社,2010.

[23] 阿英.中国连环图画史话[M].王稼句,整理.济南:山东画报出版社,2009.

[24] 徐沛,周丹.早期中国画报的表征及其意义[J].文艺研究,2007(06):82-91.

[25] 陈平原.左图右史与西学东渐——晚清画报研究[M].香港:三联书店(香港)有限公司,2008.

[26] 鲁迅.二心集[M].北京:人民文学出版社,2006.

[27] 王韬.淞隐漫录[M].北京:人民文学出版社,1983.

[28] 朱传誉.报人　报史　报学[M].台北:台湾商务印书馆股份有限公司,1985.

[29] 郭舒然,吴潮.《小孩月报》史料考辨及特色探析[J].浙江学刊,2010(04):100-103.

[30] 陈玉申.晚清报业史[M].济南:山东画报出版社,2003.

[31] 周振鹤.晚清营业书目[M].上海:上海书店出版社,2005.

[32] 阿英.晚清文艺报刊述略[M].上海:古典文学出版社,1958.

[33] 邓绍根.近代"启蒙第一报"——《小孩月报》[J].出版广场,2001(06):29-30.

[34] 胡从经.晚清儿童文学钩沉[M].上海:少年儿童出版社,1982.

[35] 吴果中.中国近代画报的历史考略——以上海为中心[J].新闻与传播研究,2007(02):4-12,96.

[36] 方汉奇.中国新闻事业通史(第一卷)[M].北京:中国人民大学出版社,1992.

[37] 吴福辉.漫议老画报[J].小说家,1999(02):102.

[38] 徐志放.我国彩色图像平印制版的历程[J].印刷杂志,2006(04):78-82.

[39] 杨永德.中国古代书籍装帧[M].北京:人民美术出版社,1982.

[40] [法]皮埃尔·阿尔贝,[法]费尔南·泰鲁.世界新闻简史[M].北京:中国新闻出版社,1985.

[41] [日]实藤惠秀.中国人留学日本史[M].谭汝谦,林启彦,译.北京:生活·读书·新知三联书店,1983.

[42] 王炎龙.西学东渐:中国近代报业发展的历史阐释[J].广西师范大学学报(哲学社会科

学版),2003,39(04):138-141.

[43] 上海通社.旧上海史料汇编(上册)[G].北京:北京图书馆出版社,1998.

[44] 赵鼎生.西方报纸编辑学[M].北京:中国人民大学出版社,2002.

[45] 全岳春.上海陈年往事——《新民晚报·上海珍档》选粹[M].上海:上海辞书出版社,
2007.

[46] 阿英.漫谈初期报刊的年画和日历[M]//阿英全集(八).合肥:安徽教育出版社,2003:
701-703.

[47] 阿英.晚清画报志[M]//阿英全集(八).合肥:安徽教育出版社,2003:719-723.

[48] 阿英.漫谈《红楼梦》的插图和画册——纪念曹雪芹逝世二百周年[M]//阿英全集
(八).合肥:安徽教育出版社,2003:708-716.

[49] 王受之.世界平面设计史[M].北京:中国青年出版社,2002.

[50] 顾公硕.吴友如与桃花坞年画的"关系"——从新材料纠正旧报道[M]//海豚书馆·题
跋古今.北京:海豚出版社,2012:52-58.

[51] [美]李欧梵.上海摩登——一种都市文化在中国1930—1945[M].毛尖,译.北京:北
京大学出版社,2001.

[52] 潘建国.晚清上海五彩石印考[J].上海师范大学学报(社会科学版),2001,30(01):67
-72.

[53] 徐维则.东西学书录[G]//熊月之,编.晚清新学书目提要.上海:上海书店出版社,
2007:125.

[54] 金林祥.中国教育制度通史(第六卷)[M].济南:山东教育出版社,2004.

[55] 李孝悌.清末的下层社会启蒙运动:1901—1911[M].石家庄:河北教育出版社,2001.

[56] 方汉奇.中国近代报刊史[M].山西:山西人民出版社,1981.

[57] REED C A. Gutenberg in Shanghai-Chinese print capitalism, 1876—1937 [M].
Honolulu:University of Hawaii Press,2004.

[58] FOGEL J A. The role of Japan in modern Chinese art [M]. Berkeley:University of
California,2012.

[59] Chinese Entertainment Newspapers [OL]. *Heidelberg University*. http://www.sino.
uni-heidelberg.de/xiaobao/index.php? p=bibl.